初中通用

思维导图

玩转数学

叶健◎编著

中华工商联合出版社

图书在版编目（CIP）数据

思维导图玩转数学 / 叶健编著 . -- 北京 ： 中华工
商联合出版社 , 2020.2
　ISBN 978-7-5158-2642-4

　Ⅰ . ①思… Ⅱ . ①叶… Ⅲ . ①数学－思维方法 Ⅳ .
① O1-0

　中国版本图书馆 CIP 数据核字 (2019) 第 270860 号

思维导图玩转数学

作　　者：叶　健
责任编辑：于建廷　王　欢
责任审读：傅德华
营销总监：姜　越　闫丽丽
营销企划：阎　晶　徐　涛　司小拽
销售推广：赵玉麟　王　静
装帧设计：冯　倩
责任印制：迈致红
出　　版：中华工商联合出版社有限责任公司
发　　行：中华工商联合出版社有限责任公司
印　　刷：北京华创印务有限公司
版　　次：2020 年 3 月第 1 版
印　　次：2020 年 3 月第 1 次印刷
开　　本：787mm×1092 mm　1/16
字　　数：200 千字
印　　张：18.5
书　　号：ISBN 978-7-5158-2642-4
定　　价：59.00 元

服务热线：010－58301130
团购热线：010－58302813
地址邮编：北京市西城区西环广场 A 座
　　　　　19－20 层，100044
http://www.chgslcbs.cn
E-mail:cicap1202@sina.com（营销中心）
E-mail:y9001@163.com（第七编辑室）

目录

第五章　相交线与平行线

第六章　实数

第七章　平面直角坐标系

第八章　二元一次方程组

第九章　不等式与不等式组

第二十一章 一元二次方程

第二十二章 二次函数

第二十三章 旋转

第二十四章 圆

第二十五章 概率初步

第二十六章　反比例函数

第二十七章　相似

第二十八章　锐角三角函数

第二十九章　投影与视图

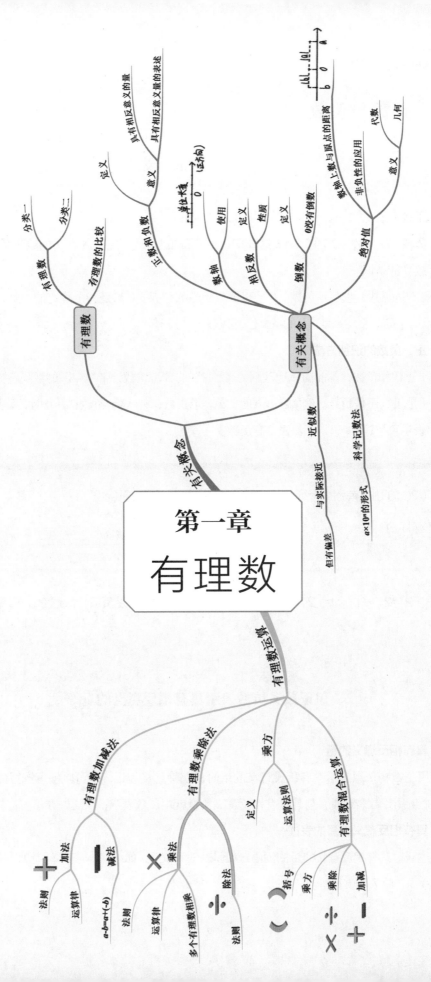

第一章

有理数

1.1 正数与负数

一、正数和负数的定义

1. 正数：像 4，1.8%，3.5 这样大于 0 的数叫正数。

2. 负数：像 −3，−2.7%，−4.5 这样在正数前面加上符号"−"（负）的数叫做负数。

3. 数 0 的认识

0 既不是正数，也不是负数。0 是正数与负数的分界。0 ℃是一个确定的温度，海拔 0 m 表示海平面的平均高度。0 的意义已不仅表示"没有"。

4. 正、负数的识别方法

对于正数和负数，不能简单地理解为带"＋"的数是正数，带"−"的数是负数，要看其本质是正数还是负数。例如：$a>0$ 时，a 表示正数，$-a$ 表示负数；$a<0$ 时，a 表示负数，$-a$ 表示正数；$a \geqslant 0$ 时，a 表示非负数。

（2019 山东滨州中考 1 题 3 分）下列各数中，负数是（   ）。

A. −(−2)   B. − | −2 | C. $(-2)^2$ D. $(-2)^0$

B $-(-2)=2$，$-|-2|=-2$，$(-2)^2=4$，$(-2)^0=1$，其中 −2 是负数，故选 B。

二、用正数、负数表示具有相反意义的量

1. 具有相反意义的量

在用正数和负数表示具有相反意义的量时，哪种意义为正，是可以任意选择的。当已知一个量用正数表示时，与其具有相反意义的量就用负数表示；反之，亦然。

2. 具有相反意义的量的表述

描述一对具有相反意义的量的词语一般是一对反义词，如：上升与下降、增加与减少、盈利与亏损、收入与支出等。

例题

（2018 云南曲靖中考 9 题 3 分）如果水位升高 2 m 时，水位的变化记为 +2 m，那么水位下降 3 m 时，水位的变化情况是＿＿＿＿＿＿.

答案

−3 m

解析

由题意知下降记为负数，则下降 3 m 记为 −3 m.

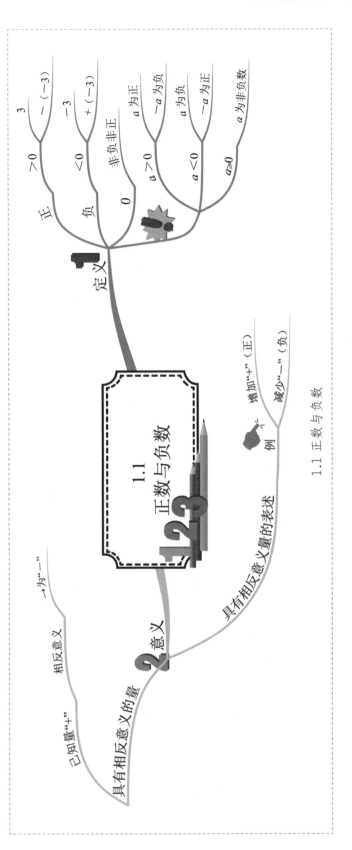

定义
正 >0 3
负 <0 −(−3)
0 −3
非负非正 +(−3)

a 为正
$a > 0$ $-a$ 为负
$a < 0$ a 为负
$a \geqslant 0$ $-a$ 为正
a 为非负数

1.1 正数与负数

1 2 3

意义
具有相反意义的量
相反意义
已知量"+"
为"−"

具有相反意义量的表述
增加"+"（正）
减少"−"（负）

1.1 正数与负数

1.2 有理数

一、有理数

1. 有理数的定义：正整数、0、负整数统称为整数；正分数、负分数统称为分数；整数和分数统称为有理数。

2. 有理数的分类

按整数和分数关系分类

有理数	整数	正整数
		0
		负整数
	分数	正分数
		负分数

按正负关系分类

有理数	正有理数	正整数
		正分数
	0	
	负有理数	负整数
		负分数

二、数轴

1. 数轴的定义

在数学中，可以用一条直线上的点来表示数，这条直线叫做数轴。它满足以下要求：

（1）在直线上任取一个点表示数 0，这个点叫做原点；

（2）通常规定直线上从原点向右（或向上）为正方向，从原点向左（或向下）为负方向；

（3）选取适当的长度为单位长度，直线上从原点向右，每隔一个单位长度取一个点，依次表示 1，2，3……从原点向左，用类似方法依次表示 -1，-2，-3……分数或小数也可以用数轴上的点表示，如图所示。

$$-\frac{3}{2} \qquad\qquad 2.5$$
$$\overleftarrow{}\ \underset{-3}{\bullet}\ \underset{-2}{\bullet}\ \underset{-1}{\bullet}\ \underset{0}{\bullet}\ \underset{1}{\bullet}\ \underset{2}{\bullet}\ \underset{3}{\bullet}\ \overrightarrow{}$$

2. 数轴上的点和有理数

一般地，设 a 是一个正数，则数轴上表示数 a 的点在原点的右边，与原点的距离是 a 个单位长度；表示数 $-a$ 的点在原点的左边，与原点的距离是 a 个单位长度。

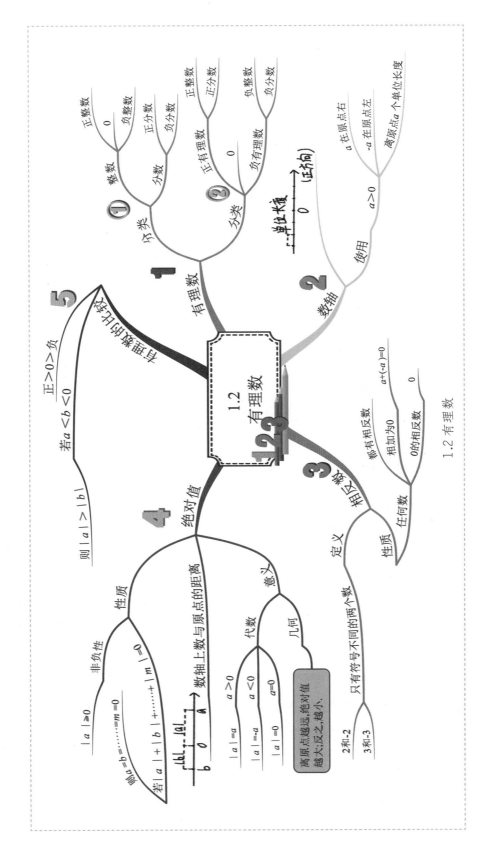

1.2 有理数

例题

（2018 北京中考 2 题 2 分）实数 a，b，c 在数轴上对应点的位置如图所示，则正确的结论是（　　）。

$$\begin{array}{c}a \quad\quad b \quad\quad c\\ \hline -4\ -3\ -2\ -1\ \ 0\ \ 1\ \ 2\ \ 3\ \ 4\end{array}$$

A.$|a|>4$ 　　　　　 B.$c-b>0$ 　　　　 C.$ac>0$ 　　　　 D.$a+c>0$

答案

B　由数轴可知 $-4<a<-3$，$-1<b<0$，$2<c<3$，从而 $3<|a|<4$，$c-b>0$，$ac<0$，$a+c<0$，故选 B。

三、相反数

1. 相反数的概念

像 3 和 -3，4 和 -4 这样，只有符号不同的两个数叫做互为相反数。

一般地，a 和 $-a$ 互为相反数。特别地，0 的相反数是 0。这里，a 表示任意一个数，可以是正数、负数，也可以是 0。

2. 几何意义

一般地，在数轴上，互为相反数的两个数对应的点在原点两侧，并且到原点的距离相等。

3. 相反数的性质

任何一个数都有相反数，而且只有一个。正数的相反数一定是负数；负数的相反数一定是正数；0 的相反数仍是 0。

例题

（2018 贵州贵阳中考 6 题 3 分）如图，数轴上有三个点 A，B，C，若点 A，B 表示的数互为相反数，则图中点 C 对应的数是（　　）

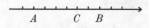

$$\begin{array}{c}A \quad\quad C\ \ B\\ \hline\end{array}$$

A.-2 　　　 B.0 　　　 C.1 　　　 D.4

C ∵数轴上点 A, B 表示的数互为相反数,

∴线段 AB 的中点为原点,即点 C 往左一个单位长度处是原点,故点 C 对应的数是 1。

四、绝对值

1. 绝对值的定义

一般地,数轴上表示数 a 的点与原点的距离叫做数 a 的绝对值,记作 $|a|$。

2. 绝对值的意义

(1)代数意义:一个正数的绝对值是它本身;一个负数的绝对值是它的相反数;0 的绝对值是 0。即

如果 $a > 0$,那么 $|a| = a$;

如果 $a = 0$,那么 $|a| = 0$;

如果 $a < 0$,那么 $|a| = -a$。

(2)几何意义:一个数的绝对值就是表示这个数的点到原点的距离,离原点的距离越远,绝对值越大;离原点的距离越近,绝对值越小。

(3)性质:绝对值具有非负性,即有 $|a| \geqslant 0$;若几个数的绝对值的和为 0,则每个数都等于 0,即 $|a| + |b| + \cdots\cdots + |m| = 0$,则 $a = b = \cdots\cdots = m = 0$。

（2019 广东深圳模拟 1 题 3 分）如图,数轴上点 A 表示数 a,则 $|a|$ 是（ ）

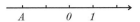

A.2   B.1   C.-1   D.-2

A 点 A 表示的数是 -2,$|-2| = 2$,故选 A.

五、有理数大小的比较

在数轴上表示有理数，它们从左到右的顺序，就是从小到大的顺序。即左边的数小于右边的数。从而可知：

正数大于 0，0 大于负数，正数大于负数；

两个负数，绝对值大的反而小。

例题

（2019 湖北十堰中考 1 题 3 分）在 0，-1，0.5，$(-1)^2$ 四个数中，最小的数是（　　）。

　　A. 0　　　　　B. -1　　　　　C. 0.5　　　　　D. $(-1)^2$

答案

B　因为 $(-1)^2=1$，所以 $-1<0<0.5<(-1)^2$，故选 B。

1.3 有理数的加减法

一、有理数的加法

1. 加法法则

（1）同号两数相加，取相同的符号，并把绝对值相加。即

若 $a>0$，$b>0$，则 $a+b = +(|a|+|b|)$

若 $a<0$，$b<0$，则 $a+b = -(|a|+|b|)$

（2）绝对值不相等的异号两数相加，取绝对值较大的加数的符号，并用较大的绝对值减去较小的绝对值。互为相反数的两个数相加得 0。即

若 $a>0$，$b<0$，且 $|a|>|b|$ 时，则 $a+b = +(|a|-|b|)$；

若 $a>0$，$b<0$，且 $|a|<|b|$ 时，则 $a+b = -(|b|-|a|)$。

（3）一个数同 0 相加，仍得这个数。

2. 加法的运算律

交换律：两个数相加，交换加数的位置，和不变。即 $a+b = b+a$。

结合律：三个数相加，先把前两个数相加，或者先把后两个数相加，和不变。即 $(a+b)+c = a+(b+c)$。

二、有理数的减法法则

1. 减法法则

减去一个数，等于加这个数的相反数。也可以表示成 $a-b=a+(-b)$。有理数的减法可以转化为加法来进行。

2. 有理数的加减混合运算

引入相反数后，加减混合运算可以统一为加法运算，用式子表示为：

$a+b-c=a+b+(-c)$.

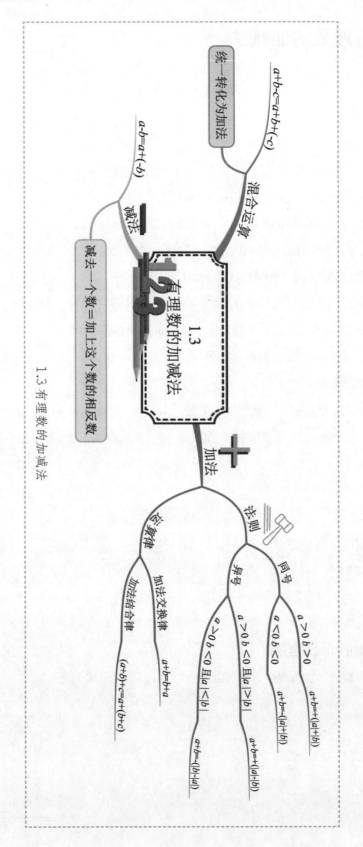

1.3 有理数的加减法

1.4 有理数的乘除法

一、有理数的乘法

1. 乘法法则

两数相乘，同号得正，异号得负，并把绝对值相乘。

任何数与0相乘，都得0。

2. 倒数

乘积是1的两个数互为倒数。0没有倒数。

3. 多个有理数相乘

几个不是0的数相乘，可以把它们按顺序依次相乘。负因数的个数是偶数时，积是正数；负因数的个数是奇数时，积是负数。如果其中有因数为0，那么积等于0。

4. 乘法的运算律

（1）交换律：两个数相乘，交换因数的位置，积相等。即 $ab=ba$。

（2）结合律：三个数相乘，先把前两个数相乘，或者先把后两个数相乘，积相等。即 $(ab)c=a(bc)$。

（3）分配律：一个数同两个数的和相乘，等于把这个数分别同这两个数相乘，再把积相加。即 $a(b+c)=ab+ac$。

（4）乘法运算律可推广为：

三个以上的有理数相乘，可任意交换因数的位置，或者把其中的几个因数相乘。如 $abcd=d(ac)b$。一个数同几个数的和相乘，等于把这个数分别同这几个数相乘，再把积相加。

（5）注意

① 若因数中有小数，一般先把小数化成分数，再相乘；

② 若因数中有分数，一般先把分数化成假分数，再相乘。

例题

（2019 湖北宜昌中考 4 题 3 分）计算：$4+(-2)^2\times5=$（　　）

A. -16　　　　B. 16　　　　C. 20　　　　D. 24

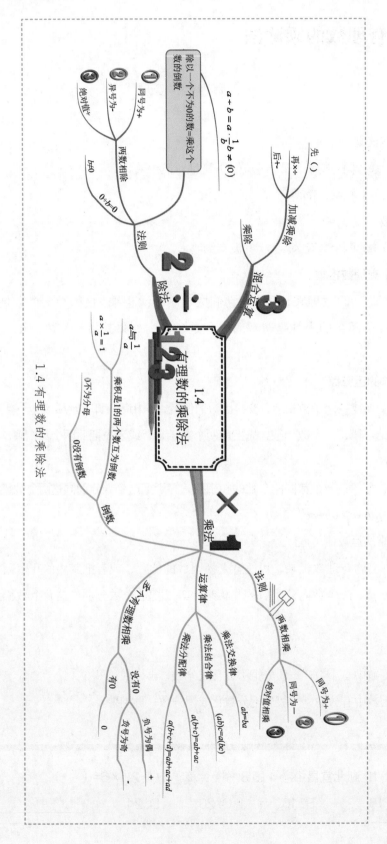

1.4 有理数的乘除法

答案

> D　$4+(-2)^2 \times 5=4+4 \times 5=4+20=24$，故选 D。

二、有理数的除法

1. 除法法则

除以一个不等于 0 的数，等于乘这个数的倒数。即 $a \div b=a \cdot \dfrac{1}{b}$（$b \neq 0$）。

从除法法则容易得出：

两数相除，同号得正，异号得负，并把绝对值相除。0 除以任何一个不等于 0 的数，都得 0。

2. 乘除混合运算

（1）做有理数的乘除混合运算先将除法化为乘法；

（2）结果的符号由算式中负因数的个数决定，负因数的个数是偶数时，结果为正，负因数的个数是奇数时，结果为负。

3. 加减乘除混合运算

做有理数的四则混合运算，应遵循有括号先做括号（一般先算小括号，再算中括号，最后算大括号）里面的运算，无括号则按"先乘除，后加减"的顺序计算。

1.5 有理数的乘方

一、乘方

1. 乘方的定义

求 n 个相同因数的积的运算，叫做乘方，乘方的结果叫做幂。在 a^n 中，a 叫做底数，n 叫做指数。当 a^n 看作 a 的 n 次方的结果时，也可读作"a 的 n 次幂"。例如：在 9^4 中，底数是 9，指数是 4，9^4 读作"9 的 4 次方"或"9 的 4 次幂"。

2. 运算法则

（1）负数的奇次幂是负数，负数的偶次幂是正数。

例：$(-2)^3=-8$，$(-2)^4=16$。

（2）正数的任何次幂都是正数，0 的任何正整数次幂都是 0。

例：$0^3=0$，$2^3=8$，$2^4=16$。

3. 有理数的混合运算顺序

（1）先乘方，再乘除，最后加减。

（2）同级运算，从左到右进行。

（3）如有括号，先做括号内的运算，按小括号、中括号、大括号依次进行。

二、科学记数法

把一个大于 10 的数表示成 $a \times 10^n$ 的形式（其中，$a \geq 1$ 且 $a < 10$，n 是正整数），使用的是科学记数法。

（2019 湖北黄冈中学期末 4 题 3 分）被誉为"中国天眼"的世界上最大的单口径球面射电望远镜 FAST 的反射面总面积相当于 35 个标准足球场的总面积．已知每个标准足球场的面积为 7140m^2，则 FAST 的反射面总面积用科学记数法表示约为（　　　）

A. 7.14×10^3 m^2　　　　　　　B. 7.14×10^4 m^2

C. 2.5×10^5 m^2　　　　　　　D. 2.5×10^6 m^2

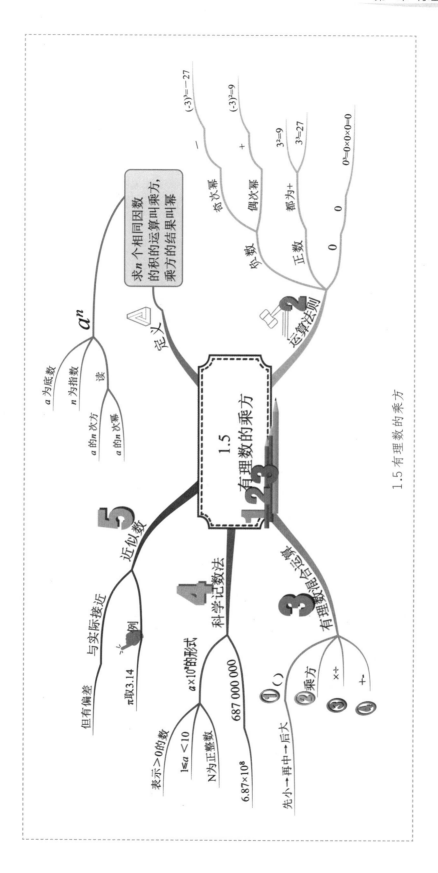

1.5 有理数的乘方

C　因为 $7140 \times 35 = 249900 \approx 250000 = 2.5 \times 10^5$（$m^2$），所以选 C。

三、近似数

与实际接受但存在一定偏差的数称为近似数。例如：π 取 3.14，体重约 54 kg，这里的"3.14"和"54"都是近似数。

第二章

整式的加减

整式＝单＋多

单项式
- 定义
- 系数
- 次数

多项式
- 定义
- 次数

整式的

- 同类项
  - 定义
- 合并同类项
  - 定义
  - 法则
- 整式加减
  - 运算法则
  - 化简求值
- 去括号
  - 法则

2.1 整式

一、单项式

1. 单项式的定义

式子 $100t$，$0.8p$，mn，5，$-n$，它们都是数或字母的积，像这样的式子叫做单项式。单独的一个数或一个字母也是单项式。

2. 单项式的系数

单项式中的数字因数叫做这个单项式的系数。单项式的系数应包括它前面的符号。例如：单项式 $100t$，$-n$ 的系数分别是 100，-1。

3. 单项式的次数

一个单项式中，所有字母的指数的和叫做这个单项式的次数。例如：在单项式 $100t^2$ 中，字母 t 的指数是 2，$100t^2$ 的次数是 2。

二、多项式

1. 多项式的定义

几个单项式的和叫做多项式。其中，每个单项式叫做多项式的项，不含字母的项叫做常数项。例如：多项式 $v-2.5$ 的项是 v 与 -2.5，其中 -2.5 是常数项。

2. 多项式的次数

（1）多项式里，次数最高项的次数，叫做这个多项式的次数。例如：多项式 $x^2+2x+18$ 中次数最高项是 x^2，这个多项式的次数是 2。

（2）单项式与多项式统称为整式。如 $100t$，$v-2.5$。

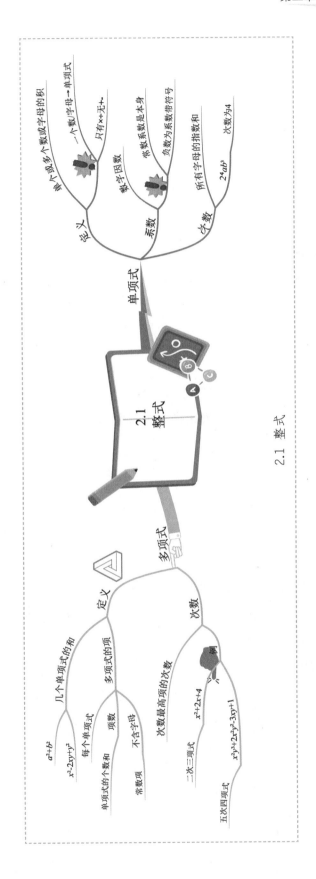

2.1 整式

2.2 整式的加减

一、同类项

同类项的概念

所含字母相同，并且相同字母的指数也相同的项，叫做同类项。几个常数项也是同类项。

（2019 云南曲靖模拟 2 题 3 分）单项式 $9x^m y^3$ 与单项式 $4x^2 y^n$ 是同类项，则 $m+n$ 的值是（ ）。

A.2 　　　　B.3 　　　　C.4 　　　　D.5

答案

D 　根据"所含字母相同，相同字母的指数相同的项是同类项"，得 $m=2$，$n=3$，所以 $m+n=5$。

二、合并同类项

1. 合并同类项的概念

把多项式中的同类项合并成一项，叫做合并同类项。通常我们把一个多项式的各项按照某个字母的指数从大到小（降幂）或者从小到大（升幂）的顺序排列，如 $-4x^2+5x+5$ 也可以写成 $5+5x-4x^2$。

2. 合并同类项法则

合并同类项后，所得项的系数是合并前各同类项的系数的和，且字母连同它的指数不变。

三、去括号法则

1. 如果括号外的因数是正数，去括号后原括号内各项的符号与原来的符号相同。

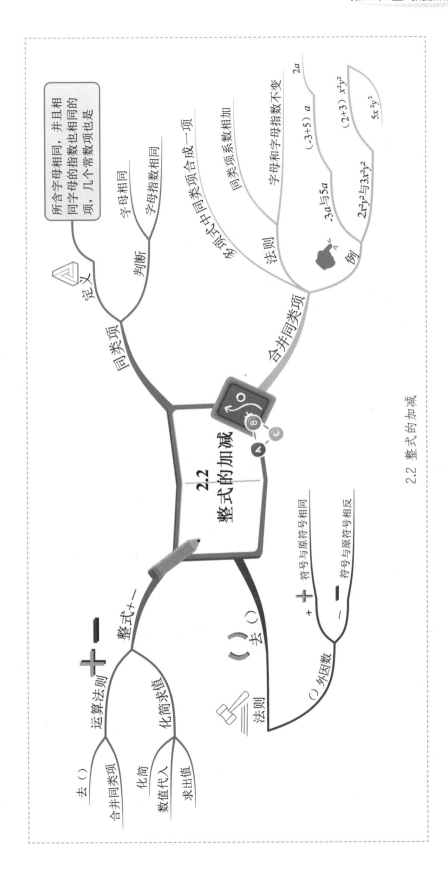

2.如果括号外的因数是负数，去括号后原括号内各项的符号与原来的符号相反。

四、整式的加减

1. 运算法则

一般地，几个整式相加减，如果有括号就先去括号，然后再合并同类项。

2. 化简求值

（1）化：通过去括号、合并同类项将整式化简；

（2）代：把已知的字母或某个整式的取值代入化简后的式子；

（3）算：依据有理数的混合运算法则进行计算。

第三章　一元一次方程

从算式到方程

方程有关概念
等式
　定义
　性质
方程
　方程的解
　解方程
一元一次方程
　定义

解一元一次方程

去分母
　定义
去括号
　定义
　注意
移项
　顺序
合并同类项
　合并
　　未知数项
　　常数项
系数＝1
　定义

实际问题与一元一次方程

等积变换
　利用体积相等
行程
　相遇
　追及
　航行
工程
　总工作量＝1
　公式
利润
　公式
储蓄
　公式
浓度问题
　公式
E=mc²

3.1 从算式到方程

一、方程的有关概念

1. 方程

含有未知数的等式叫做方程。

2. 方程的解

使方程中等号左右两边相等的未知数的值，叫做方程的解。只含有一个未知数的方程的解，也叫做方程的根。

3. 解方程

求方程的解的过程，叫做解方程。

二、一元一次方程

概念

只含有一个未知数（元），未知数的次数都是1，等号两边都是整式，这样的方程叫做一元一次方程。

（2019 内蒙古呼和浩特中考 14 题 3 分）如果关于 x 的方程 $mx^{2m-1}+(m-1)x-2=0$ 是一元一次方程，则其解为 _____。

−3 或 −2 或 2

解析

因为关于 x 的方程 $mx^{2m-1}+(m-1)x-2=0$ 是一元一次方程，所以分情况讨论：

①当 $m=0$ 时，$-x-2=0$，解得 $x=-2$；

②当 $2m-1=1$，即 $m=1$ 时，$x-2=0$，解得 $x=2$；

③当 $2m-1=0$，即 $m=\frac{1}{2}$ 时，$\frac{1}{2}-\frac{1}{2}x-2=0$，解得 $x=-3$。

综上所述，方程的解为 −3 或 −2 或 2。

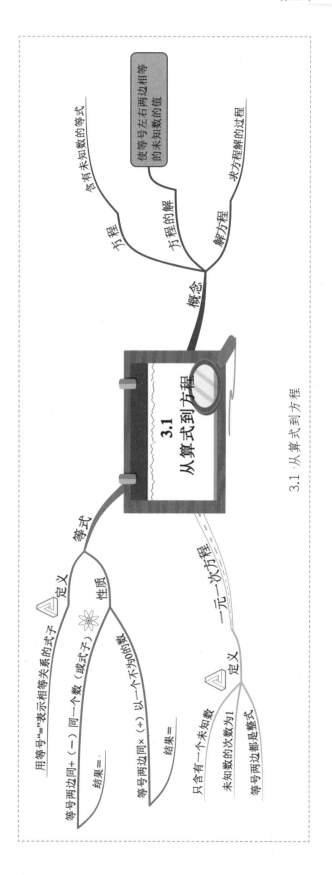

3.1 · 从算式到方程

使等号左右两边相等的值

各有未知数的等式

方程

方程的解 — 使等号左右两边相等的未知数的值

解方程 — 求方程解的过程

概念

3.1 从算式到方程

等式

定义 — 用等号"="表示相等关系的式子

性质

等号两边同＋（－）同一个数（或式子），结果＝；

等号两边同×（÷）以一个不为0的数，结果＝

一元一次方程

定义 — 只含有一个未知数

未知数的次数为1

等号两边都是整式

三、等式的性质

1. 性质 1

等式两边加（或减）同一个数（或式子），结果仍相等。如果 $a=b$，那么 $a \pm c=b \pm c$。

2. 性质 2

等式两边乘同一个数，或除以同一个不为 0 的数，结果仍相等。如果 $a=b$，那么 $ac=bc$；如果 $a=b$（$c \neq 0$），那么 $\dfrac{a}{c}=\dfrac{b}{c}$。

例题

（2018 四川攀枝花中考 17 题 6 分）解方程：$\dfrac{x-3}{2}-\dfrac{2x+1}{3}=1$。

解析

分母同乘 6 得 $3(x-3)-2(2x+1)=6$，

去括号得 $3x-9-4x-2=6$，

移项得 $3x-4x=6+9+2$，

合并同类项得 $-x=17$，

系数化为 1 得 $x=-17$。

3.2 解一元一次方程（一）——合并同类项与移项

一、解一元一次方程——合并同类项

将等号同侧的含有未知数的项和常数项分别合并成一项的过程叫做合并同类项。

二、解一元一次方程——移项

1. 概念

把等式一边的某项变号后移到另一边，叫做移项。

2. 注意

（1）移项时要改变所移动的项的符号。

（2）通常把含有未知数的各项都移到等号的左边，而把不含未知数的各项都移到等号的右边。使方程更接近于 $x=a$ 的形式。

例题

（2019 江苏东台四校联考 2 题 3 分）方程 $2x-1=3x+2$ 的解为（　　）

A. $x=1$　　B. $x=-1$　　C. $x=3$　　D. $x=-3$

答案

D　移项得 $2x-3x=1+2$，合并同类项、系数化为 1 得 $x=-3$。

三、系数化为 1

概念

将形如 $ax=b$（$a \neq 0$）的方程化成 $x=\dfrac{b}{a}$ 的形式，也就是求出方程的解 $x=\dfrac{b}{a}$ 的过程，叫做系数化为 1。

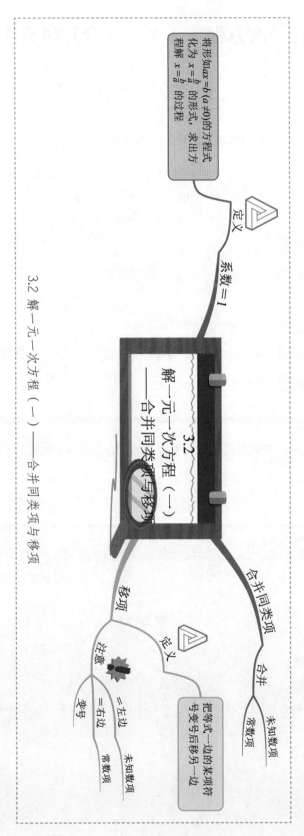

3.2 解一元一次方程（一）——合并同类项与移项

3.3 解一元一次方程（二）——去括号与去分母

一、解一元一次方程——去括号

去括号法则

1.去括号顺序：先小再中后大。

2.括号前面是正数时，括号内各项不变号。括号前面是负数时，括号内各项都要变号。

二、解一元一次方程——去分母

方法

方程各项都乘各分母的最小公倍数，把系数化成整数，使解方程中的计算更加简便。

注：分子是多项式的，去分母后要加括号。

例题

（2017 浙江杭州中考 5 题 3 分）设 x，y，c 是实数，（　　）

A. 若 $x=y$，则 $x+c=y-c$　　　　B. 若 $x=y$，则 $xc=yc$

C. 若 $x=y$，则 $\dfrac{x}{c}=\dfrac{y}{c}$　　　　D. 若 $\dfrac{x}{2c}=\dfrac{y}{3c}$，则 $2x=3y$

答案

B　根据等式的性质 1，若 $x=y$，则 $x+c=y+c$，故 A 错误；根据等式的性质 2，若 $x=y$，则 $xc=yc$，故 B 正确；若 $x=y$，则当 c=0 时，$\dfrac{x}{c}$、$\dfrac{y}{c}$ 均无意义；若 $\dfrac{x}{2c}=\dfrac{y}{3c}$，则 $3cx=2cy$，故 D 错误。

三、解一元一次方程的一般步骤（重点记住顺序）

步骤	具体做法
去分母	在方程的两边同乘各分母的最小公倍数
去括号	先去小括号，再去中括号，最后去大括号
移项	把含有未知数的项移到方程的一边，其他各项都移到方程的另一边（移项要变号）

（续表）

步骤	具体做法
合并同类项	把方程化为 $ax=b(a \neq 0)$ 的形式
系数化为1	在方程的两边都除以未知数的系数 a，得到方程的解 $x=\dfrac{b}{a}$

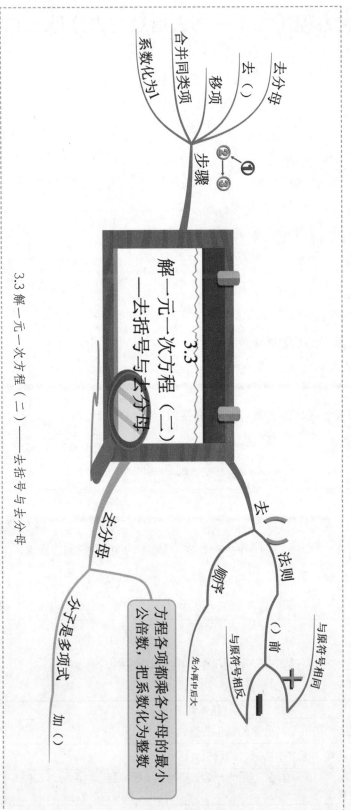

3.3 解一元一次方程（二）——去括号与去分母

3.4 实际问题与一元一次方程

一、等积变换问题

变形前后体积相等。

二、行程问题

1. 相遇问题：总路程 = 速度和 × 相遇时间。

2. 追及问题：追及路程 = 速度差 × 追及时间。

3. 航行问题：

路程 = 速度 × 时间；

顺水速度 = 静水速度 + 水流速度；

逆水速度 = 静水速度 − 水流速度。

三、工程问题

数量关系及公式：

工程问题一般把总工作量设为 1；

工作量 = 工作效率 × 工作时间。

四、利润问题

利润 = 售价 − 成本；

售价 = 标价 × 折扣；

利润率 $= \dfrac{商品利润}{商品进价} \times 100\%$；

销售额 = 售价 × 销量。

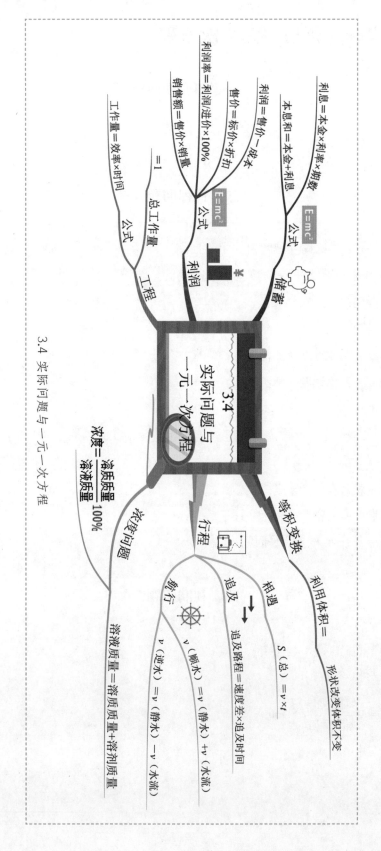

3.4 实际问题与一元一次方程

五、储蓄问题

利息＝本金 × 利率 × 期数；

本息和＝本金＋利息。

六、浓度问题

$$浓度＝\frac{溶质质量}{溶液质量}×100\%；$$

溶液质量＝溶质质量＋溶剂质量。

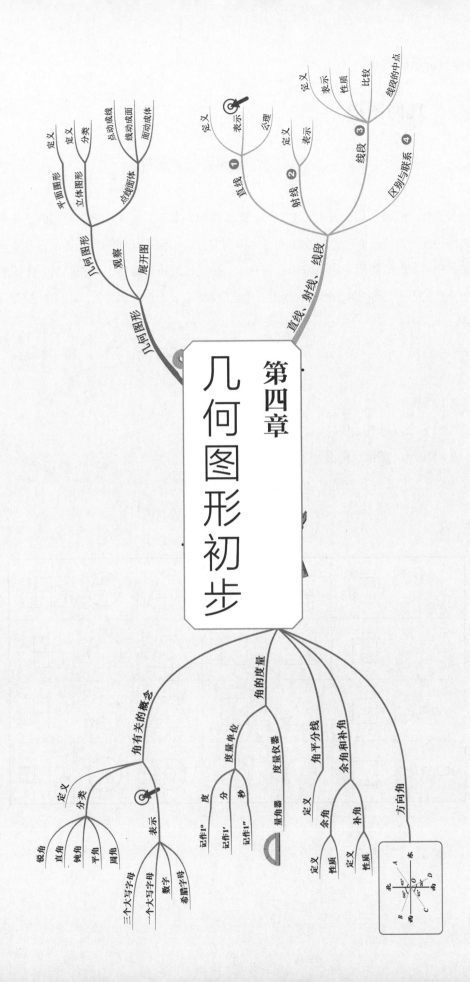

4.1 几何图形

一、常见的立体图形与平面图形

长方体、圆柱、球、长（正）方形、圆、线段、点等，以及小学学习过的三角形、四边形等，都是从形形色色的物体外形中得到的，它们都是几何图形。其中，各部分不都在同一平面内的图形（如长方体、正方体、圆柱、圆锥、球等），它们是立体图形；各部分都在同一平面内的图形（如线段、角、三角形、长方形、圆等），它们是平面图形。

二、常见的立体图形分类如下：

（1）球。

（2）柱体（圆柱、棱柱）。

（3）锥体（圆锥、棱锥）。

三、从不同角度观察立体图形

几何体 / 方向	◻	△	圆柱	圆台	球	组合体
从正面看	□	△	□	梯形	○	组合
从左面看	□	△	□	梯形	○	竖形
从上面看	□	⊙	○	◎	○	长条

四、立体图形展开图

几何体	几何体	长方体	圆柱	圆锥
图形				
平面展开图				

几何体	三棱锥	三棱柱	六棱柱
图形			
平面展开图			

五、点、线、面、体

几何图形都是由点、线、面、体组成的，点动成线、线动成面、面动成体。

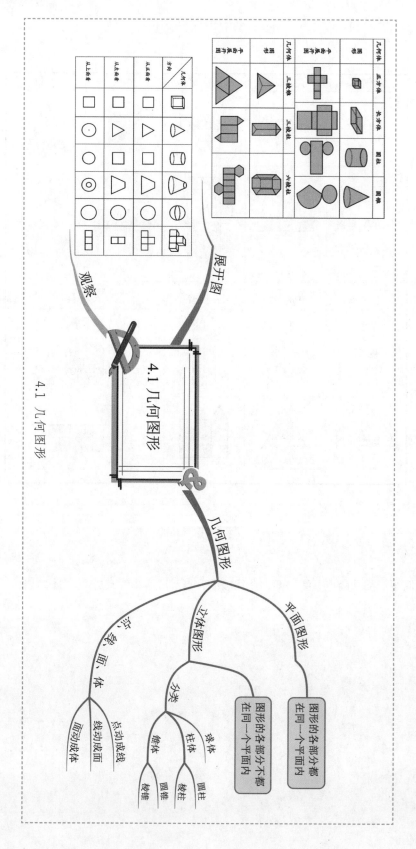

4.1 几何图形

4.2 直线、射线、线段

一、直线及其表示方法

1.直线：直线是从客观事物中抽象出来的，直线没有尽头，是向两旁无限延伸的。

2.直线有两种表示方法：

（1）用直线上任意两点的大写字母表示。可表示为直线AB或直线BA（字母是无序的）。

（2）用一个小写字母表示。可表示为直线l。

3.交点：当两条不同的直线有一个公共点时，我们称这两条直线相交，这个公共点叫做它们的交点。

二、射线及其表示方法

1.直线上的一点和它一方的部分叫做射线，把线段OA向一旁无限延伸，就是一条射线，点O是这条射线的端点。

2.射线有两种表示方法：

（1）用两个大写字母表示。射线可用它的端点和射线上的另一点来表示，可表示为"射线OA"。注意：表示端点的字母必须写在前面。

（2）用一个小写字母表示，可记作射线l。

三、线段及其表示方法

1.直线上两个点和它们之间的部分叫做线段。这两个点叫做线段的端点。

2.线段有两种表示方法：

（1）可用表示端点的两个大写字母表示。可表示为线段 *AB* 或线段 *BA*（字母是无序的）。

（2）也可用一个小写字母表示。可表示为线段 a。

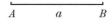

四、直线公理

经过两点有一条直线，并且只有一条直线。简述为：两点确定一条直线。

直线公理也称直线性质公理。

五、线段的性质

两点的所有连线中，线段最短。简述为：两点之间，线段最短。

连接两点间的线段的长度，叫做这两点的距离。

 例题

（2019 吉林中考 6 题 2 分）曲桥是我国古代经典建筑之一，它的修建增加了游人在桥上行走的路程，有利于游人更好地观赏风光。如图，A，B 两地间修建曲桥与修建直的桥相比，增加了桥的长度，其中蕴含的数学道理是（　　）

A. 两点之间，线段最短

B. 平行于同一条直线的两条直线平行

C. 垂线段最短

D. 两点确定一条直线

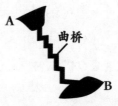

答案

A　由题意可知，曲桥增加的长度是相对于两点之间直接连线而言的，因为两点之间线段最短，所以曲桥增加了桥的长度。故选 A.

六、线段的中点

1. 点 C 将线段 AB 分成相等的两条线段 AC 与 BC，点 C 叫做线段 AB 的中点。

A————C————B

（2017 广西桂林中考 14 题 3 分）如图，点 D 是线段 AB 的中点，点 C 是线段 AD 的中点，若 $CD=1$，则 $AB=$ _____.

A————C————D————————B

4　∵点 C 是线段 AD 的中点，$CD=1$，

∴$AD=1×2=2$，

∵点 D 是线段 AB 的中点，

∴$AB=2×2=4$.

2. B,C 是线段 AD 上两点，且 $AB=BC=CD=\dfrac{1}{3}AD$ 或 $AD=3AB=3BC=3CD$，我们称 B，C 是线段 AD 的三等分点。

A————B————C————D

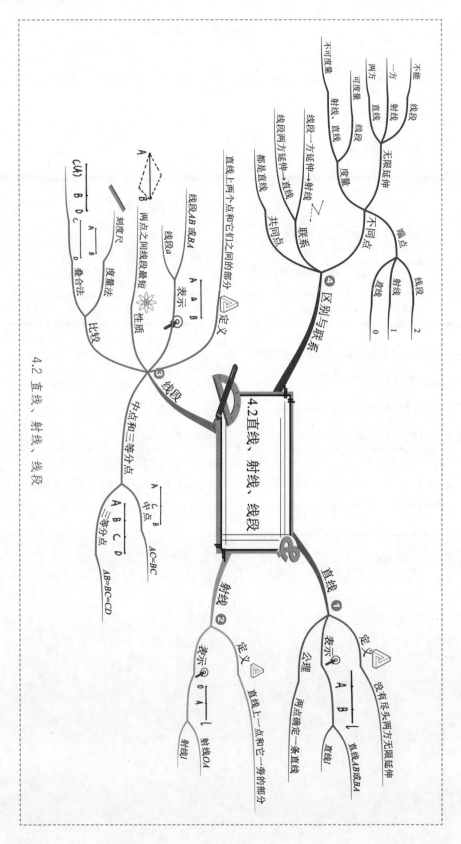

4.2 直线、射线、线段

4.3 角

一、角的定义

1. 角的静态定义

角由两条具有公共端点的射线组成，两条射线的公共端点是这个角的顶点。如图，射线 OA、OB 是这个角的两条边，点 O 是这个角的顶点。

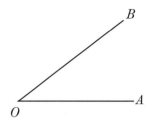

2. 角的动态定义

角也可以看作由一条射线绕着它的端点旋转而形成的图形。如图，这个角可以看作由射线 OA 绕点 O 按逆时针方向旋转 α 到射线 OB 的位置形成的。

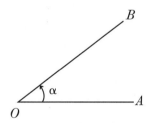

3. 角的分类

根据角的度数，角可以分为锐角、直角、钝角、平角和周角。

锐角：大于 $0°$ 小于 $90°$ 的角；

直角：等于 $90°$ 的角，即射线 OA 绕点 O 旋转，当终边与始边垂直时所成的角；

钝角：大于 $90°$ 小于 $180°$ 的角；

平角：等于 $180°$ 的角，即射线 OA 绕点 O 旋转，当终边与始边在同一条直线上时所成的角；

周角：等于 $360°$ 的角，即射线 OA 绕点 O 旋转，当终边与始边重合时所成的角。

二、角的表示方法

表示方法	图示	记法
三个大写字母表示		$\angle AOB$
一个大写字母表示		$\angle O$
用数字表示		$\angle 1$
用希腊字母表示		$\angle \alpha$

三、角的单位及角度制

1. 度量仪器：量角器。

2. 度量单位：度、分、秒。

把一个周角 360 等分，每一份就是 1 度的角，记作 1°；把 1 度的角 60 等分，每一份叫做 1 分的角，记作 1′；把 1 分的角 60 等分，每一份叫做 1 秒的角，记作 1″。

例题

（2017 广西梧州中考 5 题 3 分）如图，钟表上 10 点整时，时针与分针所成的角是（　　）

A. 30°　　　　　　　B. 60°

C. 90°　　　　　　　D. 120°

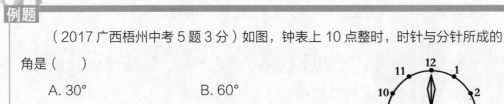

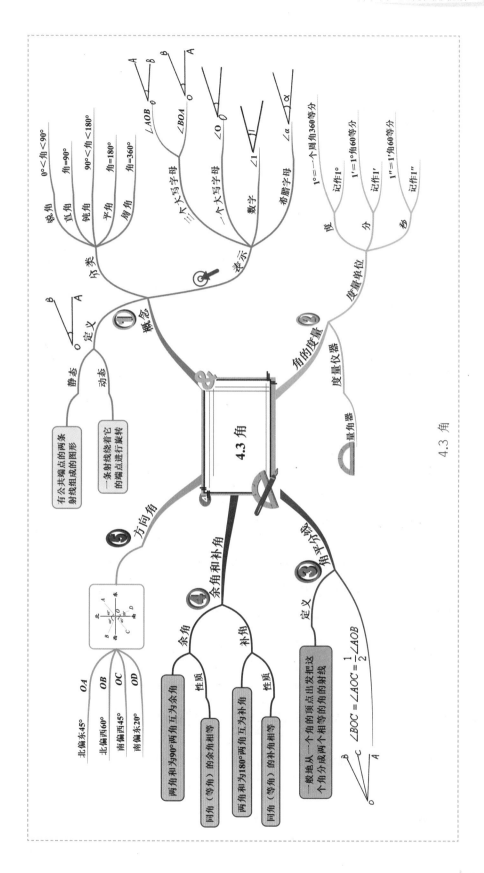

4.3 角

B　∵钟面分成 12 个大格，每格的度数为 30°，

∴钟表上 10 点整时，时针与分针所成的角是 60°。故选 B。

四、角平分线

一般地，从一个角的顶点出发，把这个角分成两个相等的角的射线，叫做这个角的平分线。如图，射线 OC 是 $\angle BOA$ 的平分线，$\angle BOC = \angle COA = \frac{1}{2}\angle BOA$。

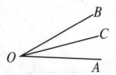

五、余角和补角

1. 余角： 如果两个角的和等于 90°，就说这两个角互为余角，即其中每一个角是另一个角的余角。

2. 余角的性质： 同角（等角）的余角相等。

例题

（2019 湖南怀化中考 5 题 4 分）与 30° 的角互为余角的角的度数是（　　）

A. 30°　　　　　　　　B. 60°

C. 70°　　　　　　　　D. 90°

B　与 30° 的角互为余角的角的度数是 90°－30°＝60°。故选 B。

3. 补角： 如果两个角的和等于 180°，就说这两个角互为补角，即其中一个角是另一个角的补角。

4. 补角的性质： 同角（等角）的补角相等。

例题

（2019 甘肃白银中考 3 题 3 分）若一个角为 65°，则它的补角的度数

为（　　）

A. 25°　　　　　　B. 35°　　　　　C. 115°　　　　　D. 125°

答案

C　因为一个角为 65°，所以它的补角 =180°-65°=115°。故选 C。

六、方向角

方向角是以正北、正南方向为基准，描述物体所处方向的角。如图，射线 *OA*，

OB，*OC*，*OD* 的方向可分别表示为：北偏东 45°，北偏西 60°，南偏西 45°，南偏

东 20°。

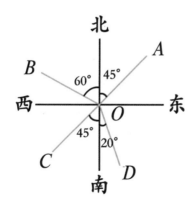

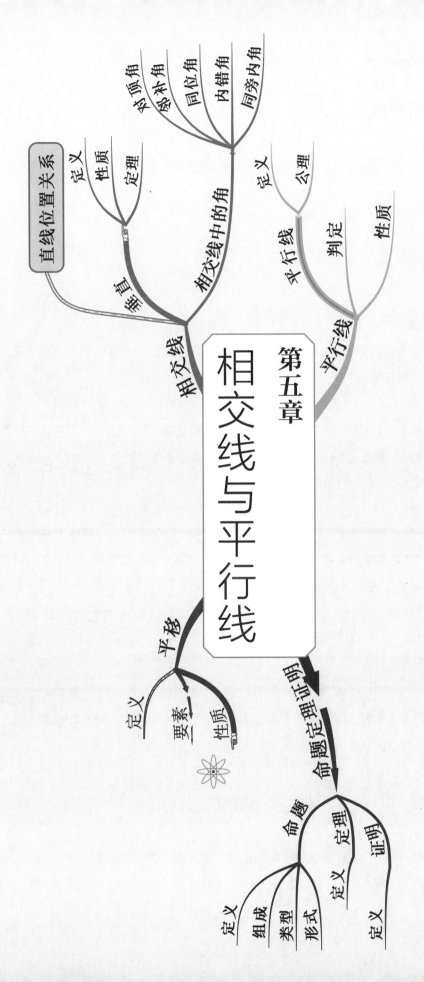

第五章 相交线与平行线

相交线
　直线位置关系
　　垂直
　　　定义
　　　性质
　　　定理
　相交线中的角
　　对顶角
　　邻补角
　　同位角
　　内错角
　　同旁内角

平行线
　平行线
　　定义
　　公理
　判定
　性质

平移
　定义
　要素
　性质

命题定理证明
　命题
　　定义
　　组成
　　类型
　　形式
　定理
　　定义
　证明

5.1 相交线

一、直线的位置关系

在同一平面内不重合的两条直线的位置关系只有两种：相交和平行。

二、邻补角与对顶角

1. 邻补角

两个角有一条公共边，它们的另一边互为反向延长线，具有这种关系的两个角，互为邻补角。邻补角互补。如：∠1和∠4，∠2和∠3。

2. 对顶角

两个角有一个公共顶点，并且一个角的两边分别是另一个角的两边的反向延长线，具有这种位置关系的两个角，互为对顶角。对顶角相等。如：∠2和∠4，∠1和∠3。

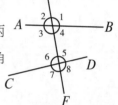

例题

（2018湖南邵阳中考2题3分）如图所示，直线AB，CD相交于点O，已知∠AOD=160°，则∠BOC的大小为（　　　）

A. 20°　　　　　　　B. 60°

C. 70°　　　　　　　D. 160°

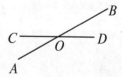

答案

D　∠AOD与∠BOC是直线AB，CD相交所形成的对顶角，根据"对顶角相等"可得，∠AOD=∠BOC=160°。故选D。

三、同位角、内错角、同旁内角

两条直线被第三条直线所截形成8个角，它们构成同位角、内错角与同旁内角。如图，直线AB，CD与EF相交（也可以说两条直线AB，CD被第三条直线EF所截），构成八个角。

1. 同位角

图中∠1 和∠5，这两个角分别在直线 *AB*，*CD* 的同一方（上方），并且都在直接 EF 的同侧（右侧），具有这种位置关系的一对角叫做同位角。∠2 和∠6，∠4 和∠8，∠3 和∠7 都是同位角。

2. 内错角

图中∠3 和∠5，这两个角都在直线 *AB*，*CD* 之间，并且分别在直线 *EF* 两侧（∠3 在直线 *EF* 左侧，∠5 在直线 *EF* 右侧），具有这种位置关系的一对角叫做内错角，∠4 和∠6 也是内错角。

3. 同旁内角

图中∠3 和∠6 也都在直线 *AB*，*CD* 之间，但它们在直线 *EF* 的同一旁（左侧），具有这种位置关系的一对角叫做同旁内角。∠4 和∠5 也是同旁内角。

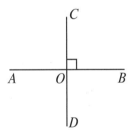

四、垂线

1. 定义：当两条直线相交所成的四个角中，有一个角是直角时，就说这两条直接互相垂直，其中一条直线叫做另一条直线的垂线，它们的交点叫做垂足。

2. 性质：平面内，过一点有且只有一条直线与已知直线垂直。

3. 垂线段最短

定理：连接直线外一点与直线上各点的所有线段中，垂线段最短。简述为：垂线段最短。

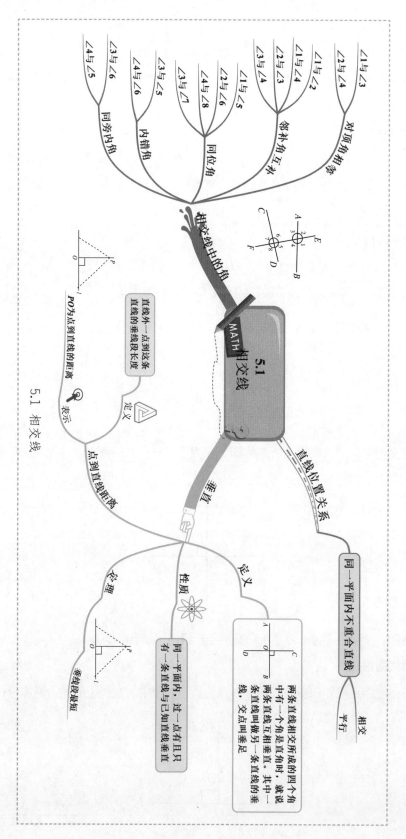

5.1 相交线

例题

（2019 江苏常州中考 4 题 2 分）如图，在线段 PA、PB、PC、PD 中，长度最小的是（　　）

A. 线段 PA   B. 线段 PB

C. 线段 PC   D. 线段 PD

答案

B　直线外一点到直线上所有点的连线中，垂线段最短。故选 B。

5.2 平行线及其判定

一、平行线、平行公理

1. 平行线定义

在同一平面内，不相交的两条直线叫做平行线，记作 $a \parallel b$。

2. 平行公理

经过直线外一点，有且只有一条直线与这条直线平行。

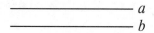

3. 平行公理推论

如果两条直线都与第三条直线平行，那么这两条直线也互相平行。即如果 $b \parallel a$，$c \parallel a$，那么 $b \parallel c$。

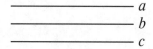

二、平行线的判定

1. 方法1：两条直线被第三条直线所截，如果同位角相等，那么这两条直线平行。简单说成：同位角相等，两直线平行。

2. 方法2：两条直线被第三条直线所截，如果内错角相等，那么这两条直接平行。简单说成：内错角相等，两直线平行。

3. 方法3：两条直线被第三条直线所截，如果同旁同角互补，那么这两条直线平行。简单说成：同旁内角互补，两直线平行。

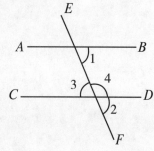

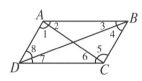

（2019北京海淀月考5题

3分）如图，能够判断 $AD \parallel BC$

的条件是（　　）

A. $\angle 7 = \angle 3$

B. $\angle 2 = \angle 6$

C. $\angle 1 = \angle 5$

D. $\angle 3 = \angle 8$

答案

C　$\because \angle 1 = \angle 5$，$\therefore AD \parallel BC$

（内错角相等，两直线平行），

故选C。

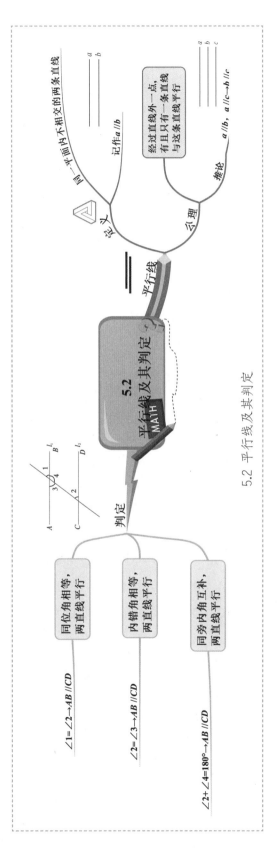

5.3 平行线的性质

一、平行线的性质

1.性质1：两条平行线被第三条直线所截，同位角相等。简单说成：两直线平行，同位角相等，即：$\angle 1 = \angle 2$。

2.性质2：两条平行线被第三条直线所截，内错角相等。简单说成：两直线平行，内错角相等。即：$\angle 3 = \angle 1$。

3.性质3：两条平行线被第三条直线所截，同旁内角互补。简单说成：两直线平行，同旁内角互补。即$\angle 1 + \angle 4 = 180°$。

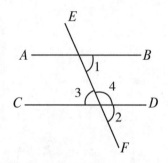

（2019 湖南衡阳中考6题3分）如图，已知 $AB // CD$，AF 交 CD 于点 E，且 $BE \perp AF$，$\angle BED = 40°$，则 $\angle A$ 的度数是（　　）

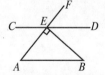

  A. 40°   B. 50°

  C. 80°   D. 90°

答案

B 由垂直的定义可得 $\angle AEB = 90°$，

  $\because \angle BED = 40°$，

  $\therefore \angle DEF = 180° - \angle AEB - \angle BED = 180° - 90° - 40° = 50°$。

  $\because AB // CD$，

  $\therefore \angle A = \angle DEF = 50°$，故选 B。

例题 2

（2018 广东中考 8 题 3 分）如图，$AB/\!/CD$，$\angle DEC=100°$，$\angle C=40°$，则 $\angle B$ 的大小是（　　）

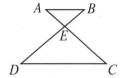

A. 30°　　　　　　B. 40°

C. 50°　　　　　　D. 60°

答案

B　$\because \angle DEC=100°$，$\angle C=40°$，$\therefore \angle D=40°$。$\because AB/\!/CD$，$\therefore \angle B=\angle D=40°$。故选 B。

例题 3

（2018 山东滨州中考 3 题 3 分）如图，直线 $AB/\!/CD$，则下列结论正确的是（　　）

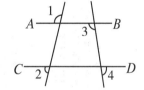

A. $\angle 1=\angle 2$　　　　　　B. $\angle 3=\angle 4$

C. $\angle 1+\angle 3=180°$　　　D. $\angle 3+\angle 4=180°$

答案

D　$\because$ 两直线平行，同旁内角互补，又 $\because$ 对顶角相等，$\therefore \angle 3+\angle 4=180°$。

二、命题、定理、证明

1. 命题

判断一件事情的语句叫做命题。命题必须是一个完整的句子，它必须对事情作出肯定或否定的判断。

命题由题设和结论两部分组成，题设就是已知事项，结论是由已知事项推出的事项。数学中的命题常可以写成"如果……那么……"或"若……则……"的形式。"如果"后接的部分是题设，"那么"后接的部分是结论。对于题设和结论不明显的命题，需先把命题改写为"如果……那么……"的形式，再进行判断。

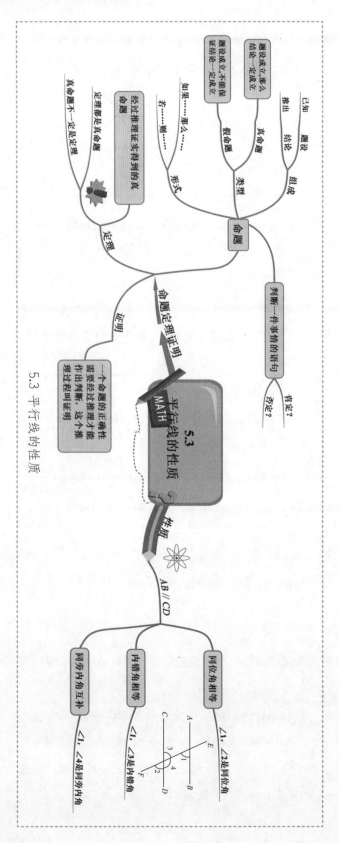

5.3 平行线的性质

2. 真命题、假命题

命题包括两种：真命题（正确的命题）；假命题（错误的命题）。

（1）如果题设成立，那么结论一定成立，这样的命题叫做真命题。

（2）题设成立时，不能保证结论一定成立，这样的命题叫做假命题。

3. 定理

经过推理证实得到的真命题叫做定理，定理都是真命题。而真命题不一定是定理。

4. 证明

在很多情况下，一个命题的正确性需要经过推理，才能作出判断，这个推理过程叫做证明。

5.4 平移

一、平移的定义

把一个图形整体沿某一直线方向移动,会得到一个新的图形,新图形与原图形的形状和大小完全相同。图形的这种移动,叫做平移。

二、平移的性质

1. 平移是沿直线移动;

2. 平移后得到的新图形与原图形的形状和大小完全相同;

3. 新图形中的每一点,都是由原图形中的某一点移动后得到的,这两点是对应点,连接各组对应点的线段平行(或在一条直线上)且相等。

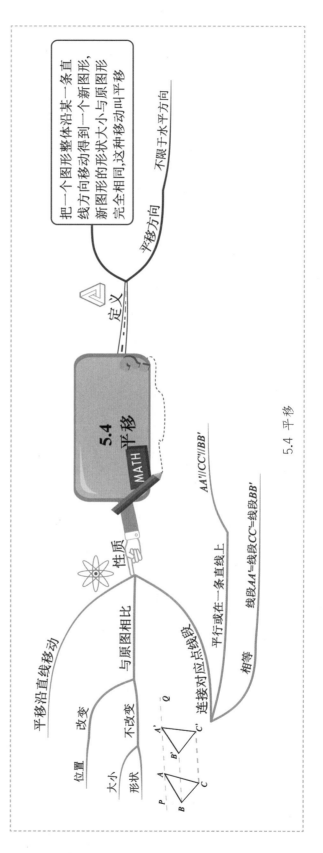

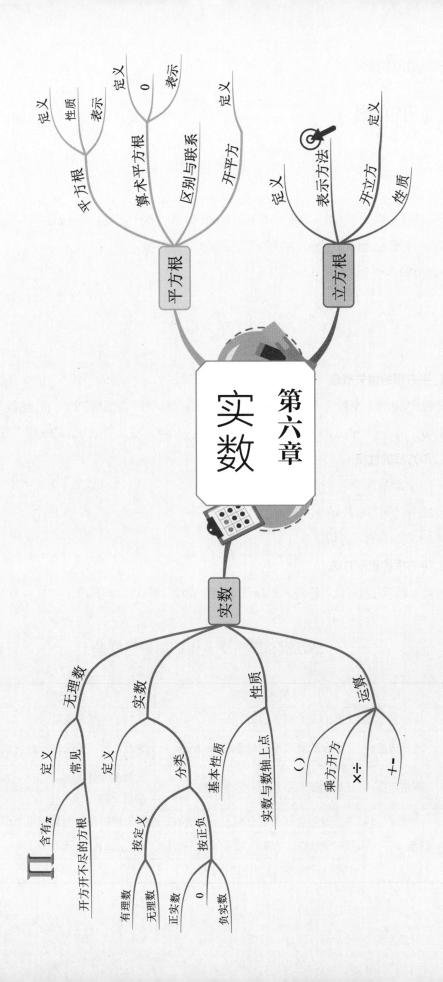

第六章

实数

平方根
- 平方根
  - 定义
  - 性质
  - 表示
- 算术平方根
  - 定义
  - 0
  - 表示
- 区别与联系
- 开平方
  - 定义

立方根
- 定义
- 表示方法
- 开立方
  - 定义
  - 性质

实数
- 无理数
  - 定义
    - 含有π
    - 开方开不尽的方根
  - 常见
- 实数
  - 定义
  - 分类
    - 按定义
      - 有理数
      - 无理数
    - 按正负
      - 正实数
      - 0
      - 负实数
- 性质
  - 基本性质
  - 实数与数轴上点
- 运算
  - ( )
  - 乘方开方
  - ×÷
  - +−

Ⅱ

6.1 平方根

一、算术平方根

一般地，如果一个正数 x 的平方等于 a，即 $x^2=a$，那么这个正数 x 叫做 a 的算术平方根，a 的算术平方根记为 $\sqrt{a}$，读作"根号 a"，a 叫做被开方数。

注：0 的算术平方根是 0。

二、平方根

1. 平方根的相关概念

一般地，如果一个数的平方等于 a，那么这个数叫做 a 的平方根或二次方根。这就是说，如果 $x^2=a$，那么 x 叫做 a 的平方根。如 3 和 −3 是 9 的平方根，简记 ±3 是 9 的平方根。

2. 平方根的性质

（1）正数有两个平方根，它们互为相反数；

（2）0 的平方根是 0；

（3）负数没有平方根。

3. 平方根的表示方法

正数 a 的平方根可以用符号"$\pm\sqrt{a}$"表示，读作"正、负根号 a"。

三、平方根和算术平方根的区别与联系

		算术平方根	平方根
区别	个数	正数的算术平方根只有一个	正数的平方根有两个
	表示方法	正数 a 的算术平方根表示为 $\pm\sqrt{a}$	正数 a 的平方根表示为 $\pm\sqrt{a}$
	取值范围	正数的算术平方根一定是正数	正数的平方根为一正一负，互为相反数
联系		平方根包含算术平方根，一个数的正的平方根就是它的算术平方根	
		只有非负数才有平方根和算术平方根，即 $\sqrt{a}\geq 0$，$a\geq 0$	
		0 的平方根与算术平方根均为 0	

四、开平方

求一个数 a 的平方根的运算，叫做开平方，其中数 a 叫做被开方数。平方运算与开平方运算是互为逆运算的关系。

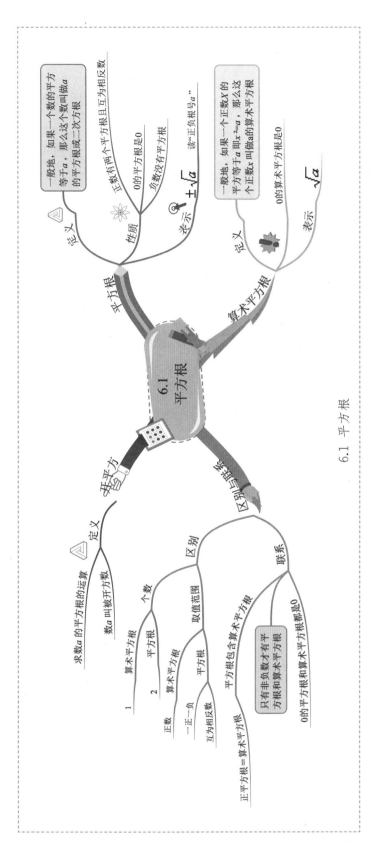

6.1 平方根

6.2 立方根

一、立方根和开立方

1. 一般地，如果一个数的立方等于 a，那么这个数叫做 a 的立方根或三次方根。这就是说，如果 $x^2=a$，那么 x 叫做 a 的立方根。

2. 求一个数的立方根的运算，叫做开立方。开立方与立方互为逆运算，可以通过这种关系求一个数的立方根。

二、立方根的表示方法

一个数 a 的立方根，用符号"$\sqrt[3]{a}$"表示，读作"三次根号 a"，其中 a 是被开方数，3 是根指数。如 $\sqrt[3]{8}=2$；$\sqrt[3]{-8}$ 表示 -8 的立方根；$\sqrt[3]{-8}=-2$，$\sqrt[3]{a}$ 中的根指数 3 不能省略。

三、立方根的性质

1. 正数只有一个正立方根；
2. 负数只有一个负立方根；
3. 0 的立方根是 0。

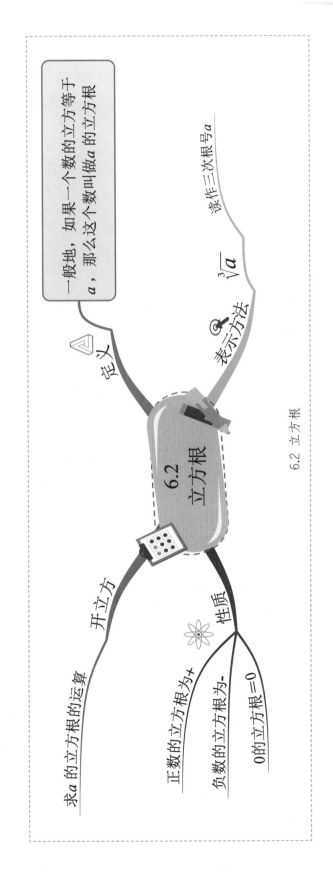

6.2 立方根

6.3 实数

一、无理数

1. 无理数的概念

无限不循环的小数叫做无理数。

2. 常见的无理数

（1）开方开不尽的方根。

（2）化简后含有 π 的数。

（2017 上海中考 1 题 4 分）下列实数中，无理数是（　　）。

A. 0　　　　　　B. $\sqrt{2}$　　　　　　C. -2　　　　　　D. $\frac{2}{7}$

答案

B　因为整数与分数统称为有理数，所以 0，-2，$\frac{2}{7}$ 均为有理数，所以无理数为 $\sqrt{2}$，故选 B。

二、实数及其分类

1. 实数的定义：有理数和无理数统称为实数。

2. 实数的分类

按定义分类：

实数	有理数	正有理数	有限小数或无限循环小数
		0	
		负有理数	
	无理数	正无理数	无限不循环小数
		负无理数	

按正负分类：

实数	正实数	正有理数
		正无理数
	0	
	负实数	负有理数
		负无理数

三、实数性质

1.若 a 是任意一个实数，则数 a 的相反数是 $-a$。

2.一个正实数的绝对值是它本身；一个负实数的绝对值是它的相反数；0 的绝对值是 0。

即，a 是一个实数，则

$$|a|=\begin{cases} a, & \text{当 } a>0 \text{ 时,} \\ 0, & \text{当 } a=0 \text{ 时,} \\ -a, & \text{当 } a<0 \text{ 时。} \end{cases}$$

3、当实数 $a \neq 0$ 时，则 a 的倒数为 $\frac{1}{a}$；若 a 与 b 互为倒数，则 $ab=1$；若 $ab=1$，则 a 与 b 互为倒数。

例题

（2019 山东德州中考 1 题 4 分）$-\frac{1}{2}$ 的倒数是（　　）

A. -2　　　B. $\frac{1}{2}$　　　C. 2　　　D. 1

 答案

A　乘积为 1 的两个数互为倒数，由于 $-\frac{1}{2} \times (-2)=1$，故选 A。

四、实数与数轴上的点的对应关系

实数与数轴上的点是一一对应的，也就是说，每一个实数都可以用数轴上的一个点来表示；反之，数轴上的每一个点都表示一个实数。

五、实数的运算

1. 实数的运算

在进行实数的运算时，有理数的运算法则及运算性质等同样适用。

2. 实数运算的顺序

实数的运算顺序与有理数相同，有理数的运算律、运算法则实数运算中同样适用。

（2018 陕西中考 15 题 5 分）计算：$(-\sqrt{3}) \times (-\sqrt{6}) + |\sqrt{2}-1| + (5-2\pi)^0$

先计算根式、绝对值及零次幂，再根据实数的运算法则运算。

原式 $= \sqrt{18} + \sqrt{2} - 1 + 1$

$\qquad = 3\sqrt{2} + \sqrt{2}$

$\qquad = 4\sqrt{2}$

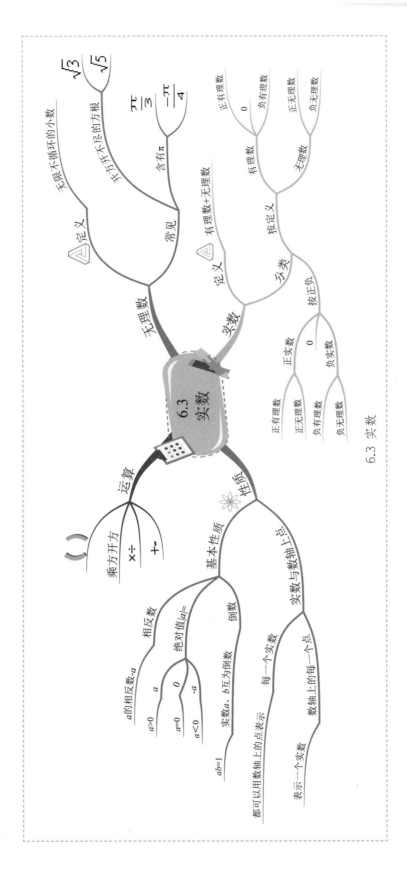

6.3 实数

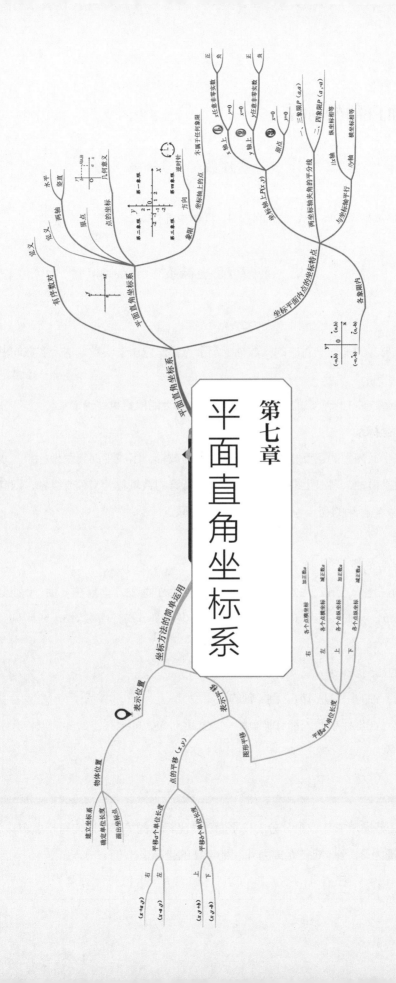

平面直角坐标系

第七章

平面直角坐标系

有序数对

定义
两轴
原点
点的坐标
象限

水平
竖直
几何意义
方向
逆时针

坐标轴上的点
坐标轴上点P(x,y)

x轴上
y轴上
原点

正
负
正
负

x任意非零实数
y任意非零实数
x=0
y=0

三象限P(a,a)
四象限P(a,-a)
纵坐标相等
横坐标相等

两坐标轴夹角的平分线
与坐标轴平行

坐标平面内点的坐标特征

各象限片

坐标方法的简单运用

表示位置
物体位置

建立坐标系
确定单位长度
画出坐标系

表示平移
点的平移

平移a个单位长度

右 (x+a,y)
左 (x-a,y)
上 (x,y+b)
下 (x,y-b)

图形平移

平移a个单位长度

右 各个点横坐标 加正数a
左 各个点横坐标 减正数a
上 各个点纵坐标 加正数a
下 各个点纵坐标 减正数a

7.1 平面直角坐标系

一、有序数对

定义：有顺序的两个数 a 与 b 组成的数对，叫做有序数对。

二、平面直角坐标系

1. 坐标

数轴上的点与实数是一一对应的。数轴上每个点都对应一个实数，这个实数叫做这个点在数轴上的坐标。

反过来，知道数轴上一个点的坐标，这个点在数轴上的位置也就确定了。

2. 平面直角坐标系

我们可以在平面内画两条互相垂直、原点重合的数轴，组成平面直角坐标系。水平的数轴称为 x 轴或横轴，习惯上取向右为正方向；竖直的数轴称为 y 轴或纵轴，取向上方向为正方向；两坐标轴的交点为平面直角坐标系的原点。

3. 点的坐标

（1）点的坐标的概念

对于平面内任意一点 A，由点 A 分别向 x 轴、y 轴作垂线，垂足在 x 轴、y 轴上的坐标分别是 a、b，我们说点 A 的横坐标是 a，纵坐标是 b，有序数对 (a,b) 叫做点 A 的坐标。

（2）坐标的几何意义

点 $A(a,b)$ 到 x 轴的距离是 $|b|$，到 y 轴的距离是 $|a|$。

一个有序数对在坐标平面内都有唯一的一点与之对应，即坐标平面内的点与有序实数对是一一对应的。

 例题

（2018 江苏扬州中考 6 题 3 分）在平面直角坐标系的第二象限内有一点 M，点 M 到 x 轴的距离为 3，到 y 轴的距离为 4，则点 M 的坐标是　（　　　）

A.（3，-4）　　B.（4，-3）　　C.（-4，3）　　D.（-3，4）

> **答案**
>
> C 因为点 M 在第二象限内，所以其横坐标为负，纵坐标为正。由点 M 到 x 轴的距离为 3，得纵坐标为 3；到 y 轴的距离为 4，得横坐标为 -4，所以点 M 的坐标为（-4，3），故选 C。

4.象限

建立了平面直角坐标系以后,坐标平面就被两条坐标轴分成Ⅰ、Ⅱ、Ⅲ、Ⅳ四个部分(如图)，每个部分称为象限，分别叫做第一象限、第二象限、第三象限和第四象限。坐标轴上的点不属于任何象限。

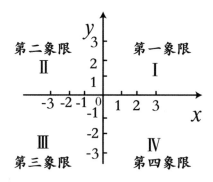

三、坐标平面内点的坐标的特点

1.各象限内点的坐标特征。如图所示：

> （2016 新疆乌鲁木齐中考 7 题 4 分）对于任意实数 m，点 P（m-2，9-3m）不可能在（　　）
>
> A.第一象限　　　B.第二象限　　　C.第三象限　　　D.第四象限

答案

C 当 $m-2<0$ 时，$m<2$，$9-3m>0$，此时点 P 在第二象限；当 $m-2>0$ 时，$m>2$，$9-3m$ 有可能是正数、0、负数，此时点 P 有可能在第一象限、在 x 轴上，或者在第四象限，所以点 $P(m-2,9-3m)$ 不可能在第三象限。故选 C。

2. 坐标轴上点的坐标特征

（1）X 轴上的点，纵坐标为 0；

（2）Y 轴上的点，横坐标为 0；

（3）原点坐标为（0,0）。

3. 与坐标轴平行的直线上的点的特征

（1）与 x 轴平行的直线上所有点的纵坐标相同；

（2）与 y 轴平行的直线上所有点的横坐标相同。

4. 两坐标轴夹角平分线上的点的坐标特点

第一、三象限两坐标轴夹角平分线上的点横、纵坐标相等；

第二、四象限两坐标轴夹角平分线上的点横、纵坐标互为相反数。

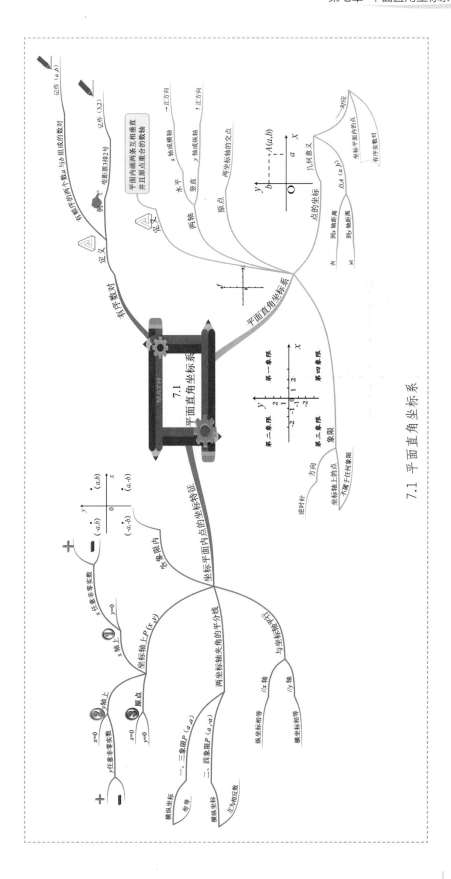

7.1 平面直角坐标系

7.2 坐标方法的简单应用

一、用坐标表示地理位置

利用平面直角坐标系绘制区域内一些地点分布情况平面图的过程：

（1）建立坐标系，选择一个适当的参照点为原点，确定 x 轴、y 轴的正方向；

（2）根据具体问题确定单位长度；

（3）在坐标平面内画出这些点，写出各点的坐标和各个地点的名称。

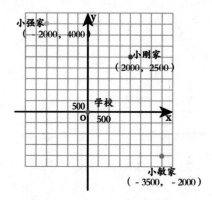

二、用坐标表示平移

1. 用坐标表示点的平移

点	平移方向	平移距离	平移后点的坐标
(x, y)	右	a 个单位长度	$(x+a, y)$
(x, y)	左	a 个单位长度	$(x-a, y)$
(x, y)	上	b 个单位长度	$(x, y+b)$
(x, y)	下	b 个单位长度	$(x, y-b)$

例题

（2019 山东滨州中考 5 题 3 分）在平面直角坐标系中，将点 A（1，-2）向上平移 3 个单位长度，再向左平移 2 个单位长度，得到点 B，则点 B 的坐标是（　　）

A.（-1，1）　　B.（3，1）　　C.（4，-4）　　D.（4，0）

A 将点 A（1，-2）向上平移 3 个单位长度，再向左平移 2 个单位长度，得到点 B，所以，点 B 的横坐标 = 1-2=-1，纵坐标 = -2+3=1，点 B 的坐标为（-1，1）。故选 A。

2.图形的平移

（1）在平面直角坐标系内,如果把一个图形各个点的横坐标都加(或减去)一个正数 a,相应的新图形就是把原图形向右（或向左）平移 a 个单位长度。

（2）在平面直角坐标系内,如果把它各个点的纵坐标都加(或减去)一个正数 a,相应的新图形就是把原图形向上（或向下）平移 a 个单位长度。

（2019 甘肃兰州中考 10 题 4 分）如图，在平面直角坐标系 xOy 中，将四边形 $ABCD$ 先向下平移，再向右平移得到四边形 $A_1B_1C_1D_1$，已知 A（-3，5），B（-4，3），A_1（3，3），则 B_1 的坐标为（　　）

  A.（1，2）　　　　　　B.（2，1）

  C.（1，4）　　　　　　D.（4，1）

B 点 A（-3，5）平移到点 A_1（3，3），说明点 A 向右平移了 6 个单位长度；向下平移了 2 个单位长度，故点 B（-4，3）向右平移了 6 个单位长度，向下平移了 2 个单位长度得到点 B_1，所以点 B_1 的坐标为（2，1），故选 B。

（3）平移作图

图形上的某一个点横向（或纵向）平移 a 个单位长度,则图形上的所有点都向这个方向平移 a 个单位长度。

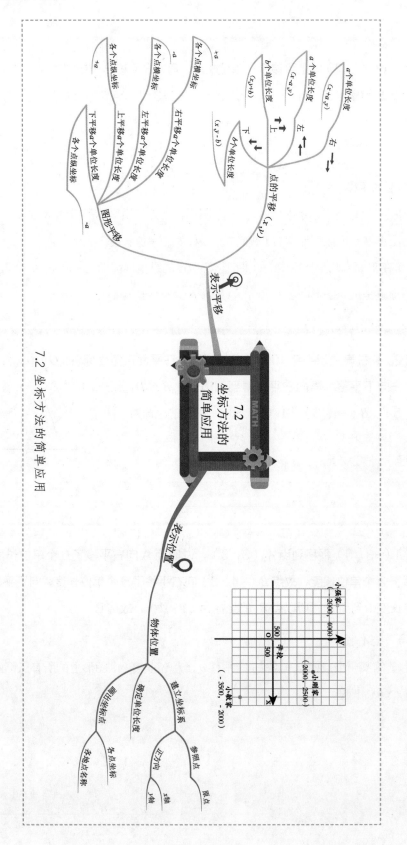

7.2 坐标方法的简单应用

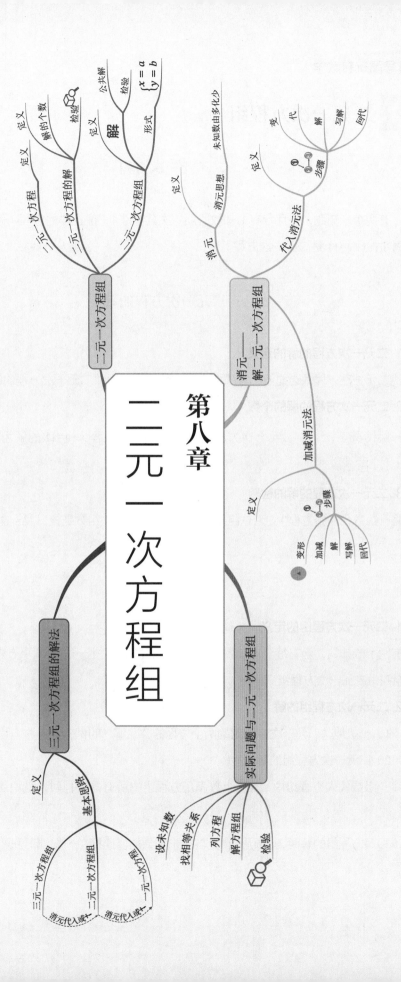

第八章

二元一次方程组

二元一次方程组

二元一次方程
定义

二元一次方程的解
定义
解的个数
检验

二元一次方程组
定义
解
公共解
检验
形式 $\begin{cases} x = a \\ y = b \end{cases}$

消元——解二元一次方程组

消元
定义
消元思想
未知数由多化少

代入消元法
定义
步骤
代
解
写解
回代

加减消元法
定义
步骤
变形
加减
解
写解
回代

三元一次方程组的解法
定义
基本思路
三元一次方程组
消元代入或±
二元一次方程组
消元代入或±
一元一次方程

实际问题与二元一次方程组
设未知数
找相等关系
列方程
解方程组
检验

8.1 二元一次方程组

一、二元一次方程

含有两个未知数，并且含有未知数的项的次数都是 1，像这样的方程叫做二元一次方程。例如：$x+y=11$ 是二元一次方程。

二、二元一次方程的解

1. 二元一次方程的解的定义

使二元一次方程两边的值相等的两个未知数的值，叫做二元一次方程的解。

2. 二元一次方程的解的个数

一般情况下，一个二元一次方程有无数个解，如方程 $x+y=11$ 的解可以是 $\begin{cases} x=1, \\ y=10 \end{cases}$；$\begin{cases} x=2, \\ y=9 \end{cases}$；$\begin{cases} x=-1, \\ y=12 \end{cases}$ 等。

3. 二元一次方程的解的检验

将一组数代入到方程中，若这组数满足该方程，就说这组数是该二元一次方程的解。

三、二元一次方程组

1. 二元一次方程组的定义

有两个未知数，含有每个未知数的项的次数都是 1，并且一共有两个方程，像这样的方程组叫做二元一次方程组。

2. 二元一次方程组的解

（1）一般地，二元一次方程组的两个方程的公共解，叫做二元一次方程组的解。

（2）二元一次方程组的解的检验

将一组数代入方程组中，若这组数满足方程组中所有的方程时，就说这组数是该方程组的解。

（3）写方程组的解时，必须用"{"把各个未知数的值连接在一起，即写成 $\begin{cases} x=a, \\ y=b \end{cases}$ 的形式。

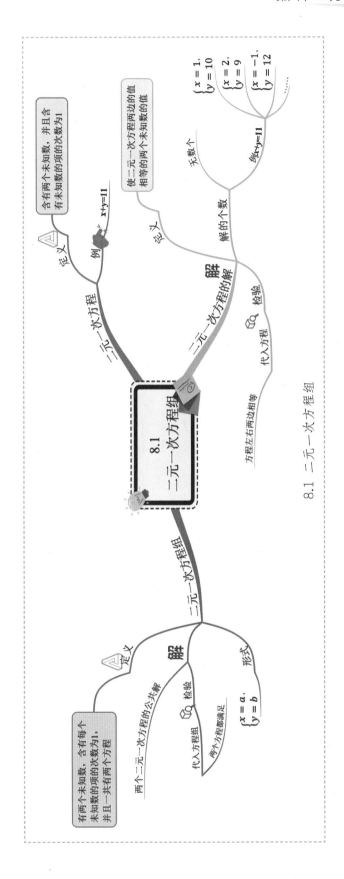

8.1 二元一次方程组

8.2 消元——解二元一次方程组

一、消元思想

二元一次方程组中有两个未知数，如果消去其中一个未知数，那么就把二元一次方程组转化为我们熟悉的一元一次方程。我们可以先求出一个未知数，然后再求另一个未知数。这种将未知数的个数由多化少、逐一解决的思想，叫做消元思想。

二、代入法

1.把二元一次方程组中一个方程的一个未知数用含另一个未知数的式子表示出来，再代入另一个方程，实现消元，进而求得这个二元一次方程组的解，这种方法叫做代入消元法，简称代入法。

2、.代入法解题步骤

（1）变：将其中一个方程变形，变成 $x=ay+b$ 或 $y=ax+b$ 的形式；

（2）代：将 $y=ax+b$ 或 $x=ay+b$ 代入另一个方程，消去一个未知数，得到一个一元一次方程；

（3）解：解这个一元一次方程，求出 x 或 y 的值；

（4）回代：把求得的 x 或 y 的值代入方程组中的任意一个方程或 $y=ax+b$ 或 $x=ay+b$，求出另一个未知数。

（5）写解：写出方程组的解用"{"联立起来。

三、加减法

1.定义

当二元一次方程组的两个方程中同一未知数的系数互为相反数或相等时，把这两个方程的两边分别相加或相减，就能消去这个未知数，得到一个一元一次方程，这种方法叫做加减消元法，简称加减法。

2.加减法解题步骤

（1）变形：将方程组中的方程变形为有一个未知数系数相同或互为相反数的形式；

（2）加减：将变形后的两个方程相加或相减，得到一元一次方程；

（3）解：解这个一元一次方程，求出一个未知数的值；

（4）回代：把求得的未知数的值代入方程组中的任意一个方程，求出另一个未知数；

（5）写解：写出方程的解，用"{"联立起来。

例题

（2018北京中考3题2分）方程组 $\begin{cases} x-y=3, \\ 3x-8y=14 \end{cases}$ 的解为　（　　　）

A. $\begin{cases} x=-3, \\ y=2 \end{cases}$　　　B. $\begin{cases} x=1, \\ y=-2 \end{cases}$　　　C. $\begin{cases} x=-2, \\ y=1 \end{cases}$　　　D. $\begin{cases} x=2, \\ y=-1 \end{cases}$

答案

D　$\begin{cases} x-y=3, & ① \\ 3x-8y=14, & ② \end{cases}$　②$-$①$\times 3$，得 $-5y=5$，即 $y=-1$。把 $y=-1$ 代入①，得 $x+1=3$，

即 $x=2$，故原方程组的解为 $\begin{cases} x=2, \\ y=-1 \end{cases}$，故选 D。

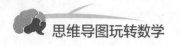

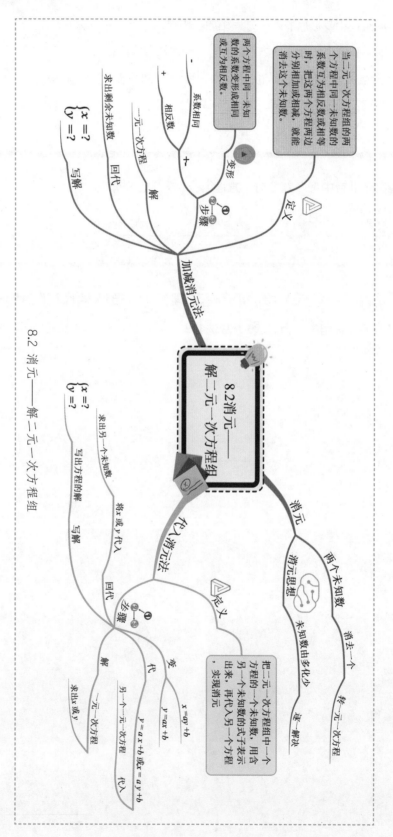

8.2 消元——解二元一次方程组

8.3 实际问题与二元一次方程组

列二元一次方程组解实际问题的步骤：

（1）弄清题意和题目中各数量之间的关系，设未知数；

（2）找出应用题中的两个相等关系；

（3）列出两个方程，并组成方程组；

（4）检验方程组的解是否符合题意，写出答案。

（2018 湖南常德中考 21 题 7 分）某水果店 5 月份购进甲、乙两种水果共花费 1700 元，其中甲水果 8 元 / 千克，乙水果 18 元 / 千克。6 月份，这两种水果的进价上调为：甲水果 10 元 / 千克，乙水果 20 元 / 千克。

（1）若该店 6 月份购进两种水果的数量与 5 月份相同，将多支付货款 300 元，求该店 5 月份购进甲、乙两种水果分别是多少千克；

（2）若 6 月份两种水果的进货总量减少到 120 千克，且甲种水果不超过乙种水果的 3 倍，则 6 月份该店需要支付的这两种水果的货款最少应是多少元？

答案

（1）设该店 5 月份购进甲种水果 x 千克，购进乙种水果 y 千克，

根据题意得 $\begin{cases} 8x + 18y = 1700, \\ 10x - 20y = 1700 + 300, \end{cases}$ 解得 $\begin{cases} x = 100, \\ y = 50, \end{cases}$

因此，该店 5 月份购进甲种水果 100 千克，购进乙种水果 50 千克。

（2）设该店 6 月份购进乙种水果 m 千克，则购进甲种水果（$120-m$）千克，设购进这两种水果将花费 w 元。

可得 $120-m \leq 3m$，解得 $m \geq 30$。

即 $w=10（120-m）+20m=10m+1200$。

因为 $k=10>0$，w 随 m 值的增大而增大，

所以当 $m=30$ 时，w 最小，即 $w=10 \times 30+1200=1500$。

因此，6 月份该店需要支付的这两种水果的货款最少应是 1500 元。

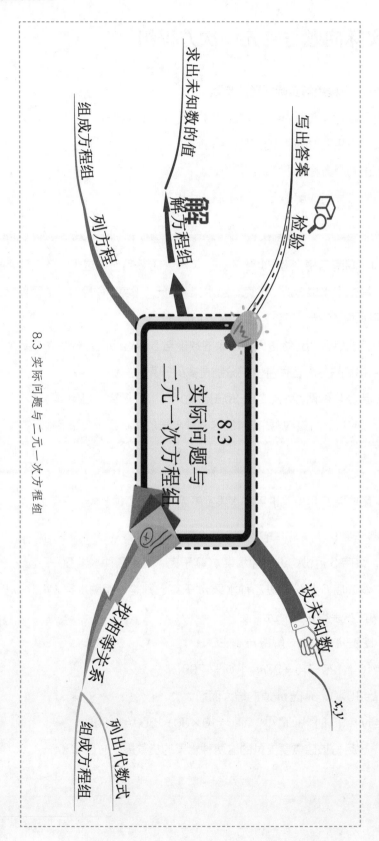

8.3 实际问题与二元一次方程组

8.3
实际问题与
二元一次方程组

写出答案
检验

解方程组
求出未知数的值

组成方程组
列方程

按相等关系
列出代数式
组成方程组

设未知数
x, y

8.4 三元一次方程组的解法

一、三元一次方程组的概念

含有三个未知数，每个方程中含未知数的项的次数都是1，并且一共有三个方程，像这样的方程组叫做三元一次方程组。

二、解三元一次方程组的基本思路

三元一次方程组通过消元（代入法或加减法）化为二元一次方程组，再通过消元（代入法或加减法）化为一元一次方程，进而求解。

8.4 三元一次方程组的解法

基本思路

三元一次方程组 — 消元代入或+

三元一次方程组 — 转化为

一元一次方程 — 转化为

8.4 三元一次方程组的解法

定义

含有三个未知数

含未知数项的次数为1

三个方程

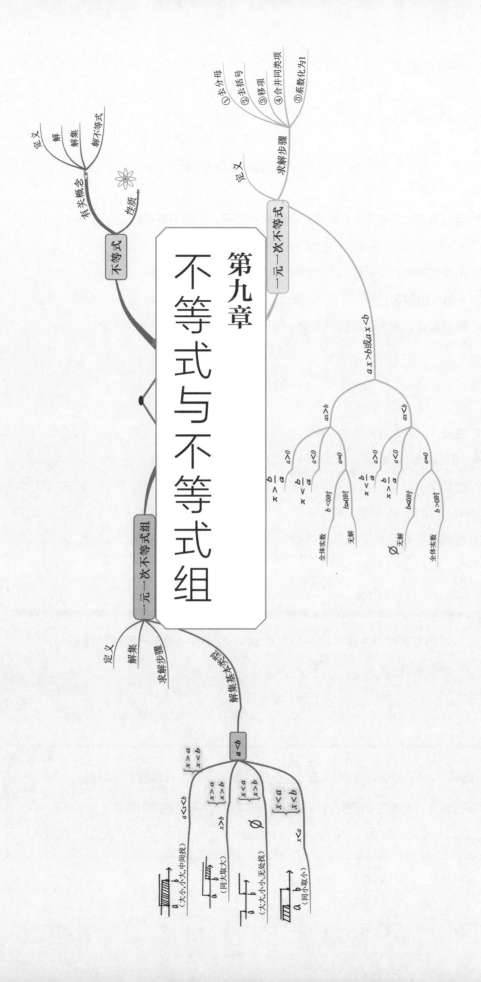

9.1 不等式

一、不等式的有关概念

1. 用符号"＜"或"＞"表示大小关系的式子，叫做不等式。 像 $a-5 \neq a+5$ 这样用符号"≠"表示不等关系的式子也是不等式。

2. 不等式的解： 使不等式成立的未知数的值叫做不等式的解。

3. 不等式的解集： 一个含有未知数的不等式的所有的解，组成这个不等式的解集。

4. 解不等式： 求不等式的解集的过程叫做解不等式。

二、不等式的性质

1. 性质1： 不等式两边加（或减）同一个数（或式子），不等号的方向不变。即如果 $a>b$，那么 $a \pm c > b \pm c$。

2. 性质2： 不等式两边乘（或除以）同一个正数，不等号的方向不变。即如果 $a>b$，$c>0$，那么 $ac>bc$（或 $\frac{a}{c} > \frac{b}{c}$）。

3. 性质3： 不等式两边乘（或除以）同一个负数，不等号的方向改变。即如果 $a>b$，$c<0$，那么 $ac<bc$（或 $\frac{a}{c} < \frac{b}{c}$）。

 例题

> （2018 江苏宿迁中考5题3分）若 $a<b$，则下列结论不一定成立的是（　　）
>
> A. $a-1<b-1$ 　　　　　　 B. $2a<2b$
>
> C. $-\frac{a}{3} > -\frac{b}{3}$ 　　　　　　 D. $a^2<b^2$

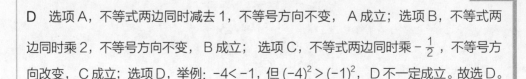 **答案**

D　选项A，不等式两边同时减去1，不等号方向不变，A成立；选项B，不等式两边同时乘2，不等号方向不变，B成立；选项C，不等式两边同时乘 $-\frac{1}{2}$，不等号方向改变，C成立；选项D，举例：$-4<-1$，但 $(-4)^2>(-1)^2$，D不一定成立。故选D。

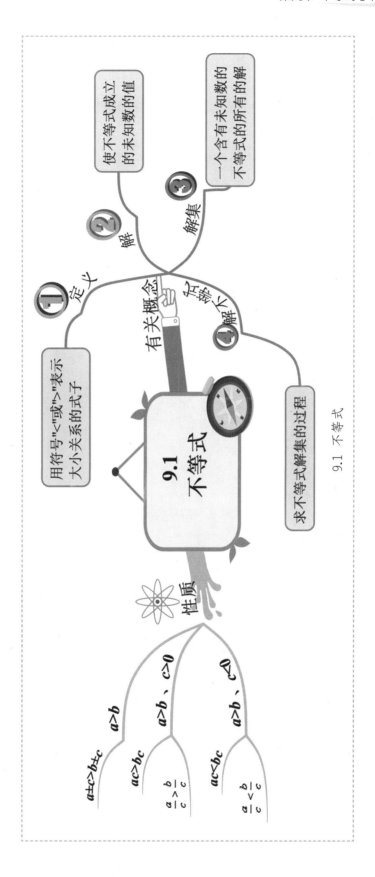

9.1 不等式

9.2 一元一次不等式

一、一元一次不等式的有关概念

1.定义：只含有一个未知数，并且未知数的次数是1，系数不等于0，且不等号两边都是整式，这样的不等式，叫做一元一次不等式。如 $x-7>26$。

2.一元一次不等式的判定：

（1）不等号两边都是整式；

（2）不等式中只含有一个未知数，如 $x+y+6>0$ 含有两个未知数，不是一元一次不等式。

二、一元一次不等式的解法

利用不等式的性质解一元一次不等式，方法与解一元一次方程类似，步骤如下：

1. 去分母；

2. 去括号；

3. 移项；

4. 合并同类项；

5. 化系数为1。

注：在步骤1和5中，如果乘的数或除的数是负数，则不等号的方向要改变。

三、不等式 $ax > b$ 或 $ax < b$ 的解集

不等式	$a > 0$	$a=0$	$a < 0$
$ax > b$	$x > \frac{b}{a}$	$b < 0$ 时全体实数，$b \geq 0$ 时无解	$x < \frac{b}{a}$
$ax < b$	$x < \frac{b}{a}$	$b \leq 0$ 时无解，$b > 0$ 时全体实数	$x > \frac{b}{a}$

例题

（2018安徽中考11题5分）不等式 $\frac{x-8}{2} > 1$ 的解集是＿＿＿＿＿＿

答案

$x > 10$　去分母，得 $x - 8 > 2$；移项，得 $x > 2+8$；合并同类项，得 $x > 10$。故答案为 $x > 10$。

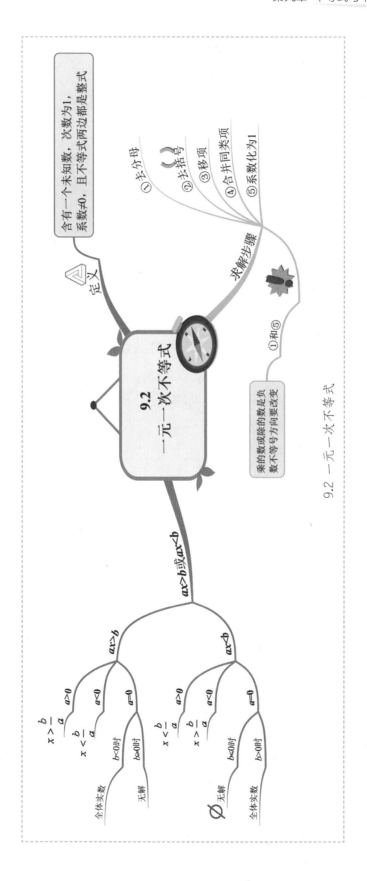

9.2 一元一次不等式

9.3 一元一次不等式组

一、一元一次不等式组

把两个一元一次不等式合起来，组成一个一元一次不等式组。

二、一元一次不等式组的解集

一般地，几个不等式的解集的公共部分，叫做由它们所组成的不等式组的解集。解不等式组就是求它的解集。

三、解一元一次不等式组的步骤

1. 分别求出不等式组中各个不等式的解集；
2. 将各个不等式的解集在数轴上表示出来；
3. 在数轴上找出各个不等式的解集的公共部分，这个公共部分就是不等式组的解集。

四、一元一次不等式组解集的基本类型（a<b）

一元一次不等式组	解集	图示
$\begin{cases} x > a, \\ x > b \end{cases}$	$x > b$	
$\begin{cases} x < a, \\ x < b \end{cases}$	$x < a$	
$\begin{cases} x > a, \\ x < b \end{cases}$	$a < x < b$	
$\begin{cases} x < a, \\ x > b \end{cases}$	无解	

例题

（2018 山东滨州中考 5 题 3 分）把不等式组 $\begin{cases} x+1 \geqslant 3, \\ -2x-6 > -4 \end{cases}$ 中每个不等式的解集在同一条数轴上表示出来，正确的为（　　）

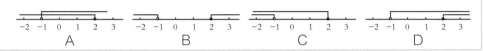

A   B   C   D

答案

B　解 $x+1 \geqslant 3$，得 $x \geqslant 2$；解 $-2x-6 > -4$，得 $x < -1$。将两个解集在数轴上表示，如图：

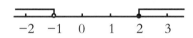

故选 B。

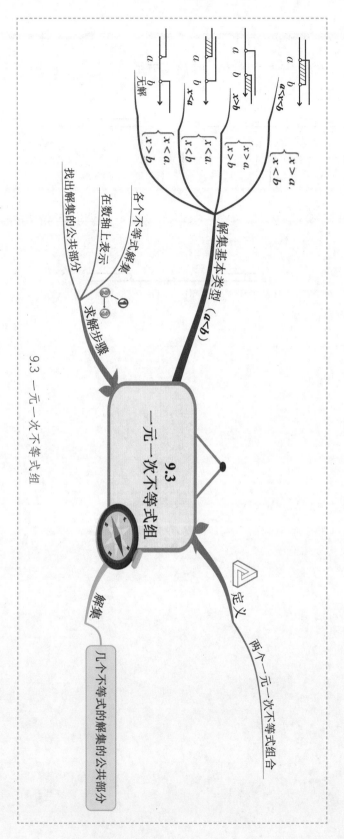

9.3 一元一次不等式组

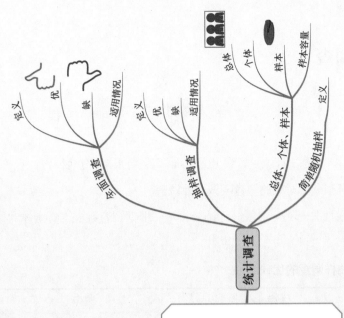

定义

优

缺

适用情况

全面调查

定义

优

缺

适用情况

抽样调查

总体

个体

样本

样本容量

总体、个体、样本

定义

简单随机抽样

统计调查

第十章
数据的收集、整理与描述

直方图

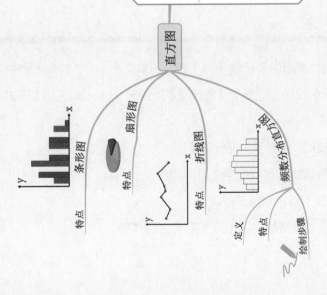

特点

条形图

特点

扇形图

特点

折线图

特点

频数分布直方图

定义

特点

绘制步骤

10.1 统计调查

一、收集数据

收集数据的常用方法是统计调查，可分为全面调查和抽样调查两种。

1. 全面调查：考察全体对象的调查叫做全面调查。

2. 抽样调查：只抽取一部分对象进行调查，然后根据调查数据推断全体对象的情况的调查称为抽样调查。

3. 全面调查和抽样调查的优缺点

	优点	缺点
全面调查	收集到的数据全面、准确	花费多、耗时长
		有些调查带有破坏性
抽样调查	花费少、省时	收集到的数据不全面

4. 选择调查方式的方法

（1）全面调查适用情况：

①调查的对象个数较少，调查容易进行时；

②对调查的结果有特别要求，或调查的结果有特殊意义时。如全国人口普查。

（2）抽样调查适用情况：

①调查的对象个数较多，调查不容易进行时；

②当调查本身具有破坏性，或者会产生一定的危害性时。

例题

　　（2018贵州贵阳中考4题3分）在"生命安全"主题教育活动中，为了解甲、乙、丙、丁四所学校学生对生命安全知识掌握情况，小丽制订了如下方案，你认为最合理的是（　　）

　　A. 抽取乙校初二年级学生进行调查

　　B. 在丙校随机抽取600名学生进行调查

　　C. 随机抽取150名老师进行调查

　　D. 在四个学校各随机抽取150名学生进行调查

D 为了使抽样调查客观、具有代表性，四个选项中，D 最合理。

二、总体、个体与样本

1. **总体**：要考察的全体对象称为总体。

2. **个体**：组成总体的每一个考察对象称为个体。

3. **样本**：被抽取的那些个体组成一个样本。

4. **样本容量**：样本中个体的数目。

三、简单随机抽样

在抽取样本的过程中，总体中的每一个个体都有相等的机会被抽时，像这样的抽样方法是一种简单随机抽样。

例题

（2018 四川内江中考 9 题改编 3 分）为了了解内江市 2018 年中考数学学科各分数段成绩分布情况，从中抽取 400 名考生的中考数学成绩进行分析，在这个问题中，样本是指＿＿＿＿＿＿＿＿＿＿。

答案

被抽取的 400 名考生的中考数学成绩 因为要了解的是内江市 2018 年中考数学学科各分数段成绩分布情况，并且抽取的是 400 名考生的中考数学成绩，所以此样本是指被抽取的 400 名考生的中考数学成绩。

10.1 统计调查

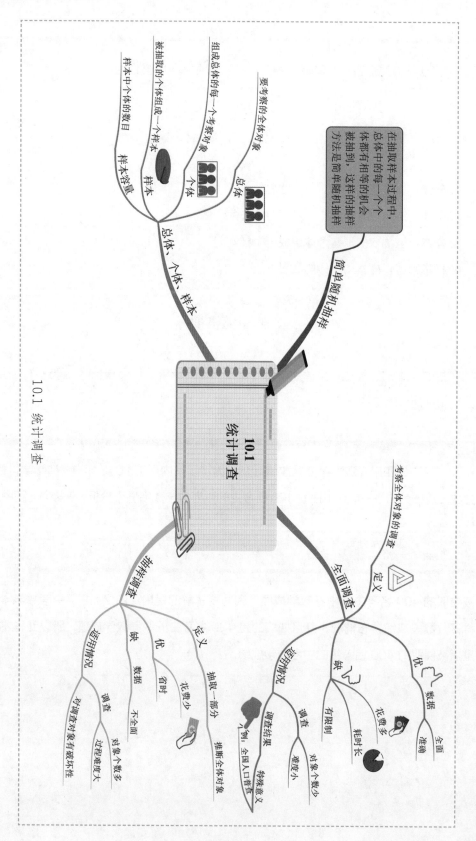

10.2 直方图

一、常见的统计图表

1. 条形图

用一个单位长度表示一定的数量关系，根据数量的多少画成长短不同的条形，条形的宽度必须保持一致，然后把这些条形排列起来，这样的统计图叫做条形图。它可以表示出每个项目的具体数量。

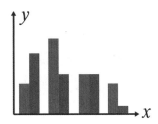

2. 扇形图

用整个圆代表总体，圆的各个扇形分别代表总体中的不同部分，扇形的大小反映部分占总体的百分比的大小，这样的统计图叫做扇形图。扇形图主要是反映具体问题中的部分与整体的数量关系。

3. 折线图

用一个单位长度表示一定的数据，根据数量的多少描出各点，然后用线段顺次把各点连接起来，这样的统计图叫做折线图。它既可以表示出项目的具体数量，又能清楚地反映数据的变化情况。

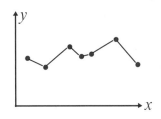

4.三种统计图优缺点

类型	优点	缺点
条形图	能够显示每组中的具体数据，易于比较数据之间的差别	无法直观地显示每组数据占总体的百分比是多少
扇形图	易于显示每组数据相对于总数的大小	在不知道总体数量的前提下，无法知道每组数据的具体数量
折线图	易于显示数据的变化趋势	无法直观地显示每组数据占总体的百分比是多少

例题 1

（2017 安徽中考 7 题 4 分）为了了解某学校学生今年五一期间参加社团活动时间的情况，随机抽查了其中 100 名学生进行统计，并绘成如图所示的频数分布直方图。已知该校共有 1000 名学生，据此估计，该校五一期间参加社团活动时间 8~10 小时之间的学生数大约是（　　）

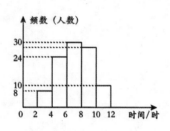

A. 280　　　　B. 240　　　　C. 300　　　　D. 260

答案

A　由题可知，样本中参加社团活动的时间在 8~10 小时之间的学生数为 100-8-24-30-10=28，则该校 1000 名学生中，今年五一期间参加社团活动的时间在 8~10 小时之间的学生数约为 $\frac{28}{100}×1000=280$。

例题 2

（2019 江西中考 4 题 3 分）根据《居民家庭亲子阅读消费调查报告》中的相关数据制成扇形统计图，由图可知，下列说法错误的是（　　）

A. 扇形统计图能反映各部分在总体中所占的百分比

B. 每天阅读 30 分钟以上的居民家庭孩子超过 50%

C. 每天阅读 1 小时以上的居民家庭孩子占 20%

D. 每天阅读 30 分钟至 1 小时的居民家庭孩子对应扇形的圆心角是 108°

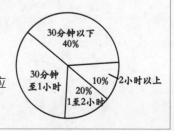

答案

C

A. 扇形统计图能反映各部分在总体中所占的百分比，此选项说法正确；

B. 每天阅读 30 分钟以上的居民家庭孩子的百分比为 1-40%=60%，超过 50%，此选项说法正确；

C. 每天阅读 1 小时以上的居民家庭孩子占 30%，此选项说法错误；

D. 每天阅读 30 分钟至 1 小时的居民家庭孩子对应扇形的圆心角是 360° ×（1-40%-10%-20%）=108°，此选项说法正确。

故选 C。

例题3

（2019 洛阳一模 5 题）如图是洛阳市某周内日最高气温的折线统计图，关于这 7 天的日最高气温的说法正确的是（　　　）

A. 众数是 28　　　　B. 中位数是 24

C. 平均数是 26　　　　D. 方差是 8

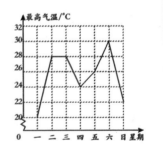

答案

A　根据折线统计图可得这 7 天的日最高气温值分别为 20，28，28，24，26，30，22. 28 出现的次数最多，所以众数是 28。故选 A。

二、频数分布直方图

1. 定义：

以小长方形的面积来反映数据落在各个小组内的频数的大小，小长方形的高是频数与组距的比值。

2. 绘制频数分布直方图的步骤：

（1）计算最大值与最小值的差；

（2）决定组距和组数：把所有数据分成若干组，分成的组的个数称为组数，每个小组的两个端点之间的距离（组内数据的取值范围）称为组距。一般数据越多分的组数也越多，当数据在 100 个以内时，按照数据的多少，常分成 5~12 个组。

（3）列频数分布表：对落在各个小组内的数据进行累计，得到各个小组内的数据的个数（叫做频数）。对频数进行整理可得频数分布表。

（4）画频数分布直方图：按照频数分布表，在平面直角坐标系中，横轴表示数据，在横轴的正方向标出每个组的端点，纵轴表示频数与组距的比值。

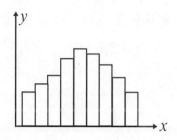

3.频数分布直方图的特点：

（1）能够显示各组频数分布的情况；

（2）便于显示各组之间频数的差别。

例题

（2018 上海中考 12 题 4 分）某校学生自主建立了一个学习用品义卖平台，已知九年级 200 名学生义卖所得金额的频数分布直方图如图所示，那么 20~30 元这个小组的频率是_____。

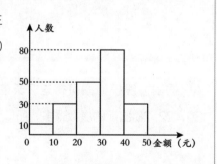

答案

0.25　由频数分布直方图可知 20~30 元这个小组的频数是 50，因此频率为 50÷200=0.25。

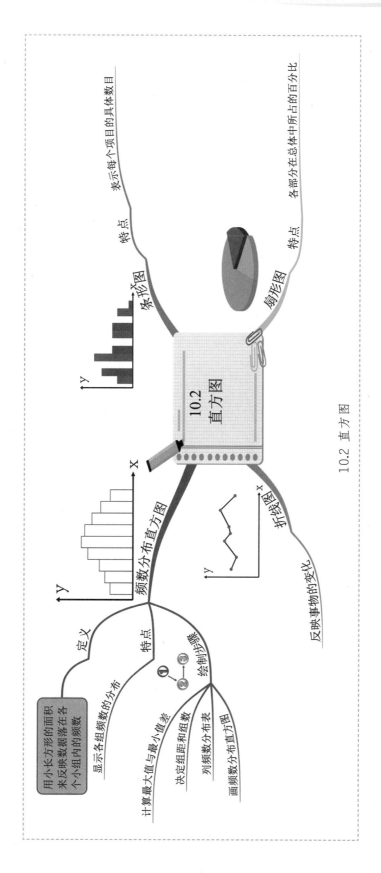

10.2 直方图

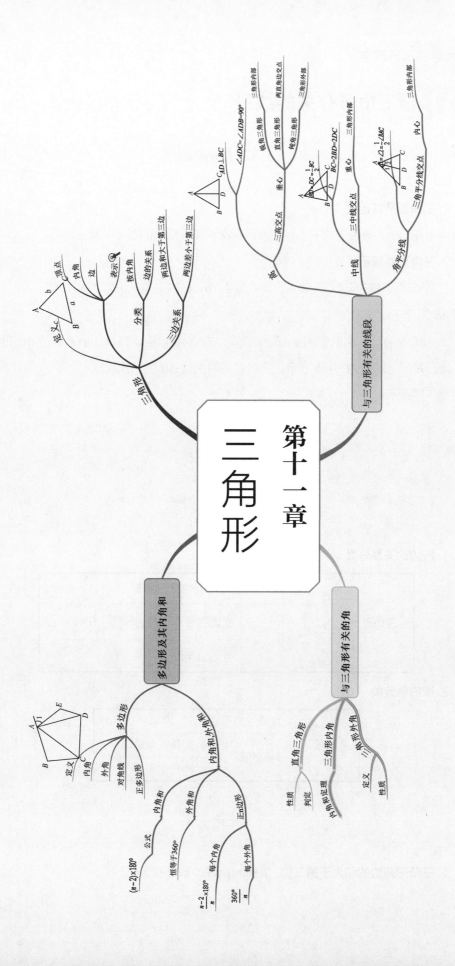

11.1 与三角形有关的线段

一、三角形的边

1. 三角形及其定义

由不在同一条直线上的三条线段首尾顺次相接所组成的图形叫做三角形。

2. 三角形的表示

三角形可以用符号"△"表示，顶点是 A、B、C 的三角形记作"$\triangle ABC$"，读作"三角形 ABC"。

$\triangle ABC$ 的三边，有时也用 a、b、c 表示。在 $\triangle ABC$ 中，顶点 A 所对的边 BC 用 a 表示，顶点 B 所对的边 AC 用 b 表示，顶点 C 所对的边 AB 用 c 表示。

如下图所示：

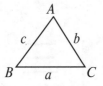

二、三角形的分类

1. 按边的关系分类

三角形	三边都不相等的三角形	
	等腰三角形	底边和腰不相等的等腰三角形
		等边三角形

2. 按内角分类

三角形	直角三角形	
	斜三角形	锐角三角形
		钝角三角形

三、三边关系

1. 三角形两边的和大于第三边：$a+b>c$；$a+c>b$；$b+c>a$。

2. 三角形两边的差小于第三边：$a-b<c$；$a-c<b$；$b-c<a$。

例题

（2018 湖南长沙中考 4 题 3 分）下列长度的三条线段，能组成三角形的是（ ）

A. 4 cm，5 cm，9 cm   B. 8 cm，8 cm，15 cm

C. 5 cm，5 cm，10 cm   D. 6 cm，7 cm，14 cm

答案

B 由于三角形的两边之和大于第三边，两边之差小于第三边。选项 A，两边之和等于第三边，错误；选项 C，两边之和等于第三边，错误；选项 D，两边之和小于第三边，错误；选项 B，两边之和大于第三边，故 B 正确。

四、三角形的高、中线与角平分线

1. 三角形的高、中线与角平分线

	定义	几何表达	图形
高	从三角形的一个顶点向它所对的边画垂线，顶点和垂足间的线段。	AD 是 $\triangle ABC$ 的高 $AD \perp BC$ 于 D $\angle ADB = \angle ADC = 90°$	
中线	连接三角形的一个顶点和它所对的边的中点的线段	AD 是 $\triangle ABC$ 的中线 $BD=DC=\frac{1}{2}BC$ D 为 BC 的中点 $BC=2BD=2DC$	
角平分线	一个角的平分线与这个角的对边相交，这个角的顶点和交点之间的线段	AD 是 $\triangle ABC$ 的角平分线 $\angle 1 = \angle 2 = \frac{1}{2} \angle BAC$	

2."三线"的交点

一个三角形有三条中线、三条角平分线、三条高，它们所在直线都分别相交于一点。

线的名称		线的位置	交点名称
中线		三条中线交于三角形内部	重心
角平分线		三条角平分线交于三角形内部	内心
高	锐角三角形	三条高都在三角形内部	垂心
	直角三角形	其中两条高是直角边	
	钝角三角形	其中两条高在三角形外部	

（2019 云南昆明模拟 19 题 8 分）如图，在 $\triangle ABC$ 中，$\angle B=50°$，$\angle C=70°$，AD 是 $\triangle ABC$ 的角平分线，$DE \perp AB$ 于 E 点.

（1）求 $\angle EDA$ 的度数；

（2）若 $AB=10$，$AC=8$，$DE=3$，求 $S_{\triangle ABC}$.

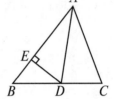

答案

（1）$\because \angle B=50°$，$\angle C=70°$，

$\therefore \angle BAC=180° - \angle B - \angle C=180° -50° -70° =60°$，

$\because AD$ 是 $\triangle ABC$ 的角平分线，

$\therefore \angle BAD=\dfrac{1}{2}\angle BAC=\dfrac{1}{2} \times 60° =30°$

$\because DE \perp AB$，$\therefore \angle DEA=90°$，

$\therefore \angle EDA=180° - \angle BAD - \angle DEA=180° -30° -90° =60°$

（2）作辅助线，过 D 作 $DF \perp AC$ 于 F，

$\because AD$ 是 $\triangle ABC$ 的角平分线，$DE \perp AB$，

$\therefore DF=DE=3$，

又 $\because AB=10$，$AC=8$，

$\therefore S_{\triangle ABC}=\dfrac{1}{2} AB \cdot DE+\dfrac{1}{2} AC \cdot DF=\dfrac{1}{2} \times 10 \times 3+\dfrac{1}{2} \times 8 \times 3=27$

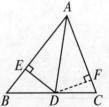

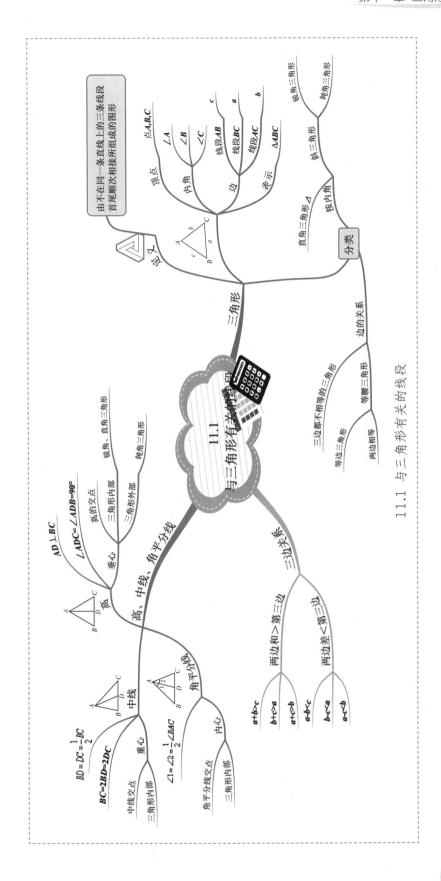

11.1 与三角形有关的线段

11.2 与三角形有关的角

一、三角形的内角

内角和定理：三角形三个内角的和等于 180°。

二、三角形的外角

1. 定义：三角形的一边与另一边的延长线组成的角，叫做三角形的外角。

如图，∠4 是 △ABC 的一个外角。

2. 性质：

（1）三角形的外角等于与它不相邻的两个内角的和；

（2）三角形的外角大于与它不相邻的任何一个内角；

（3）三角形外角和定理：三角形的外角和为 360°。

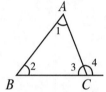

（2018 广西南宁中考 6 题 3 分）如图，∠ACD 是 △ABC 的外角，CE 平分 ∠ACD，若 ∠A=60°，若 ∠B=40°，则 ∠ECD 等于（　　）

A. 40°　　　B. 45°　　　C. 50°　　　D. 55°

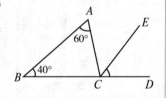

C　根据题意得 ∠ACD= ∠A+ ∠B=60° +40° =100°，

又 ∵ CE 平分 ∠ACD，

∴ ∠ECD= ∠ACE= $\frac{1}{2}$ ∠ACD= $\frac{1}{2}$ ×100° =50°。

三、直角三角形的性质与判定

1. 性质：直角三角形的两个锐角互余。

直角三角形可以用符号"Rt △"表示，直角三角形 ABC 可以写成 Rt △ABC。

2、判定：有两个角互余的三角形是直角三角形。

如图，在 △ABC 中，如果 ∠A+∠C=90°，那么 △ABC 是直角三角形。

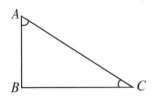

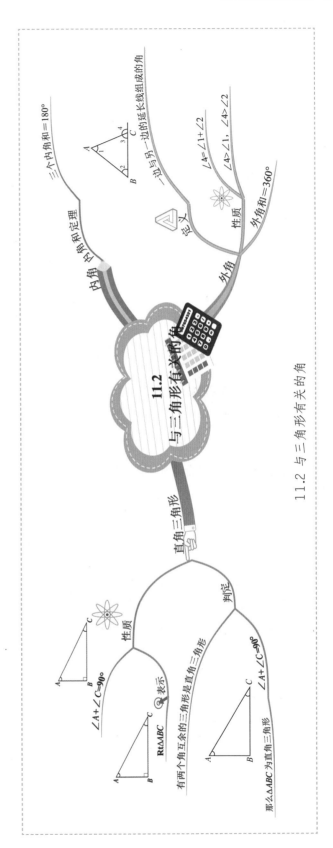

11.2 与三角形有关的角

11.3 多边形及其内角和

一、多边形

1. 定义：在平面内，由一些线段首尾顺次相接组成的封闭图形叫做多边形。

2. 多边形的内角：多边形相邻两边组成的角叫做多边形的内角。

3. 多边形的外角：多边形的边与它的邻边的延长线组成的角叫做多边形的外角。如图，∠1 是五边形 *ABCDE* 的一个外角。

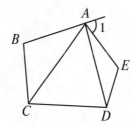

4. 多边形的对角线：连接多边形不相邻的两个顶点的线段，叫做多边形的对角线。

5. 凸多边形：画出多边形的任何一条边所在直线，如果整个多边形都在这条直线的同一侧，那么这个多边形就是凸多边形。

6. 正多边形：各个角都相等，各条边都相等的多边形叫做正多边形。

一个 n 边形从一个顶点出发有 $(n-3)$ 条对角线，所有对角线的数量是 $\frac{n(n-3)}{2}$ 条。

二、多边形的内角和、外角和

1. 多边形内角和公式：n 边形内角和等于 $(n-2)\times180°$ 。

2. 定理：多边形的外角和等于 360° 。多边形的外角和恒等于 360° ，与多边形的边数无关。

3. 正 n 边形的每个内角等于 $\frac{n(n-2)}{2}\times180°$ ，每个外角等于 $\frac{360°}{2}$ 。

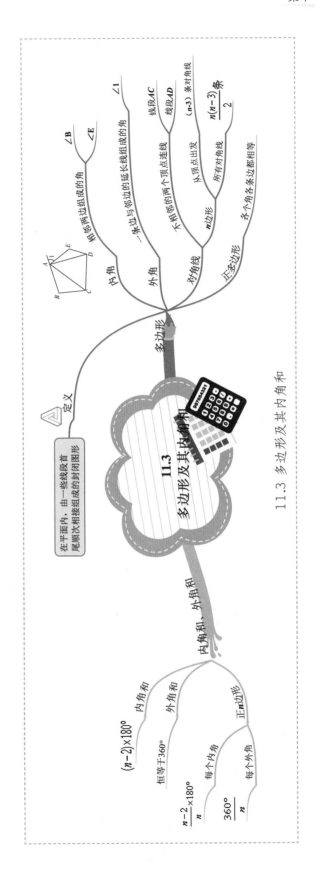

11.3 多边形及其内角和

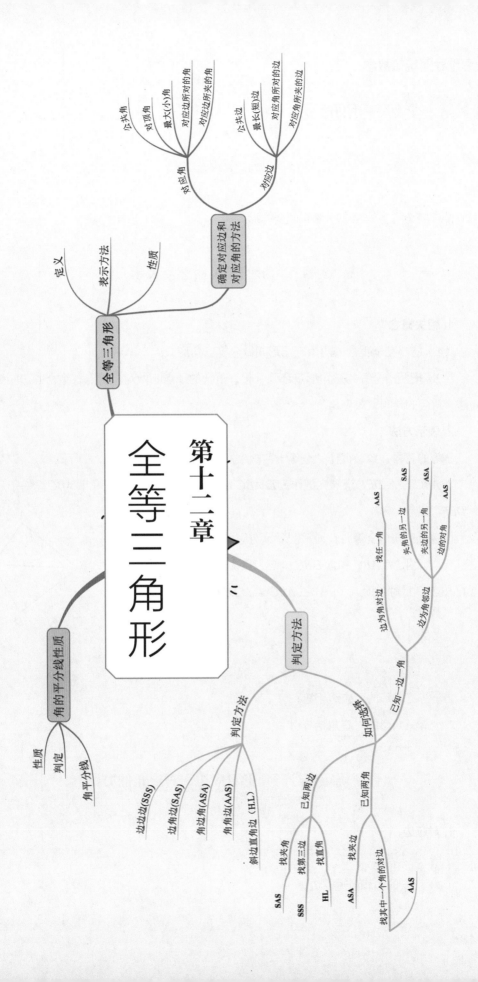

12.1 全等三角形

一、全等形

能够完全重合的两个图形叫做全等形。

二、全等三角形的相关概念及表示方法

1. 相关概念

（1）能够完全重合的两个三角形叫做全等三角形。

（2）把两个全等的三角形重合到一起，重合的顶点叫做对应顶点，重合的边叫做对应边，重合的角叫做对应角。

2. 表示方法

全等的符号：≌，读作"全等于"。

$\triangle ABC$ 与 $\triangle DEF$ 全等，记作：$\triangle ABC \cong \triangle DEF$，读作："三角形 ABC 全等于三角形 DEF"。

记两个三角形全等时，通常把表示对应顶点的字母写在对应的位置上。如图，$\triangle ABC$ 和 $\triangle DBC$ 全等，点 A 和点 D、点 B 和点 B、点 C 和点 C 是对应顶点，记作 $\triangle ABC \cong \triangle DBC$。

三、全等三角形的性质

1. 全等三角形的对应边相等；
2. 全等三角形的对应角相等。

四、确定全等三角形对应边、对应角的方法

1. 对应边：

（1）公共边；

（2）最长的边和最短的边；

（3）对应角所对的边；

（4）对应角所夹的边。

2.对应角：

（1）公共角；

（2）对顶角；

（3）最大的角和最小的角；

（4）对应边所对的角；

（5）对应边所夹的角。

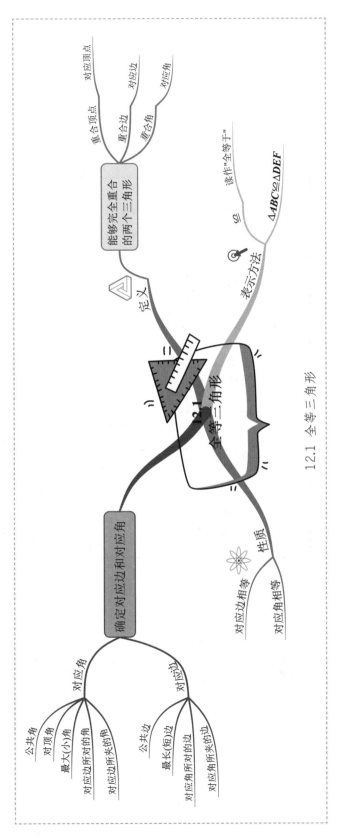

12.2 三角形全等的判定

一、三角形全等的判定方法

	符号	图标	内容
判定方法	SSS（边边边）		三边分别相等的两个三角形全等
	SAS（边角边）		两边和它们的夹角分别相等的两个三角形全等
	ASA（角边角）		两角和它们的夹边分别相等的两个三角形全等
	AAS（角角边）		两角和其中一个角的对边分别相等的两个三角形全等
	HL（斜边、直角边）		斜边和一条直角边分别相等的两个直角三角形全等

二、合理选择全等三角形的判定方法

已知两边	找夹角→ SAS
	找第三边→ SSS
	找直角→ HL

已知两角	找夹边→ ASA
	找其中一个已知角的对边→ AAS

已知一边一角	边为角的对边→找任一角→ AAS	
	边为角的邻边	找夹角的另一边→ SAS
		找夹边的另一角→ ASA
		找边的对角→ AAS

例题

（2018 山东临沂中考 6 题 3 分）如图，D 是 AB 上的一点，DF 交 AC 于点 E，$DE=EF$，$FC//AB$. 若 $AB=4$，$CF=3$，则 BD 的长是（   ）

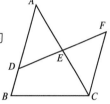

A. 0.5 　　　 B. 1 　　　 C. 1.5 　　　 D. 2

答案

B　∵ $FC//AB$，∴∠$A=$∠ECF，∠$ADE=$∠F. 又∵ $DE=EF$，∴△ADE ≌△CFE（AAS），∴$AD=CF=3$，∴$BD=AB-AD=4-3=1$。

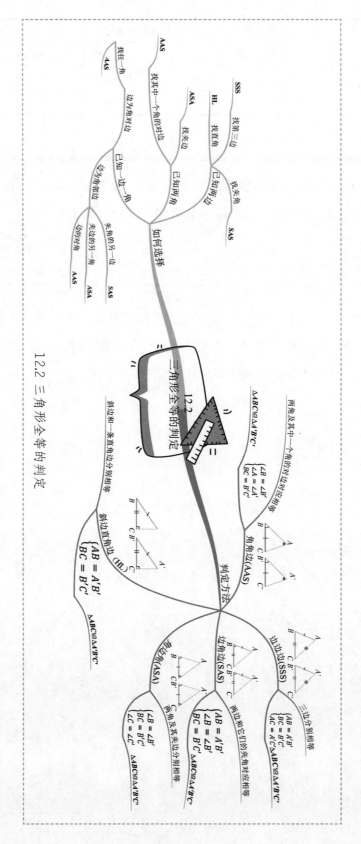

12.2 三角形全等的判定

12.3 角的平分线的性质

一、角的平分线的性质

角的平分线上的点到角的两边的距离相等。如图，因为点 P 在 $\angle AOB$ 的平分线上，$PD \perp OA$ 于点 D，$PE \perp OB$ 于点 E，所以 $PD=PE$。

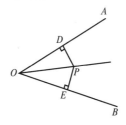

二、角的平分线的判定

角的内部到角的两边的距离相等的点在角的平分线上。如上图，因为 $PD \perp OA$，$PE \perp OB$，$PD=PE$，所以点 P 在 $\angle AOB$ 的平分线上。

三、三角形中角平分线

三角形的三条角平分线相交于一点，这一点到三边的距离相等。

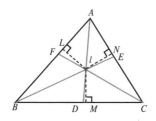

 例题

（2019 江西南昌模拟 11 题 3 分）如图所示，$\triangle ABC$ 的三边 AB，BC，CA 的长分别是 6，10，12，三条角平分线的交点为 O，则 $S_{\triangle ABD} : S_{\triangle BCD} : S_{\triangle CAD} = ($ 　　$)$

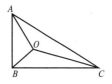

3 : 5 : 6

作辅助线，过 O 作 $OD \perp AB$ 于 D，$OE \perp BC$ 于 E，$OF \perp AC$ 于 F。

∵ O 为三条角平分线的交点，

∴ $OD=OE=OF$，

∵ △ABC 的三边 AB，BC，CA 的长分别为 6，10，12，

∴ $S_{\triangle ABO} : S_{\triangle BCO} : S_{\triangle CAO}$

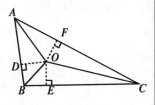

$= (\frac{1}{2} AB \cdot OD) : (\frac{1}{2} BC \cdot OE) : (\frac{1}{2} AC \cdot OF)$

$=AB : BC : AC=6 : 10 : 12=3 : 5 : 6$。

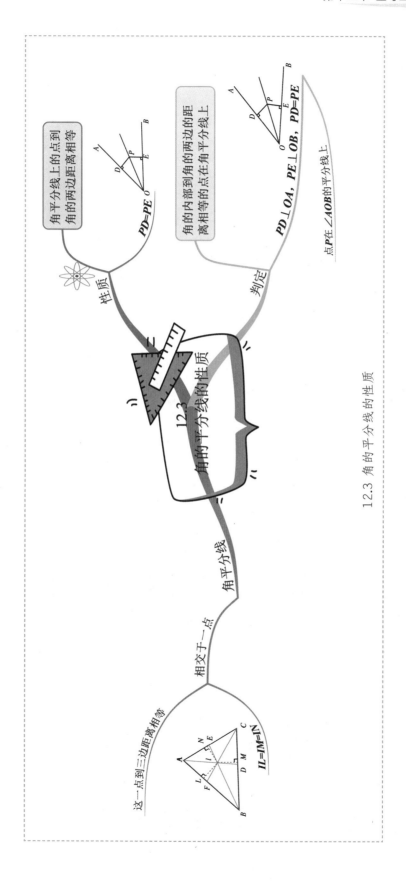

12.3 角的平分线的性质

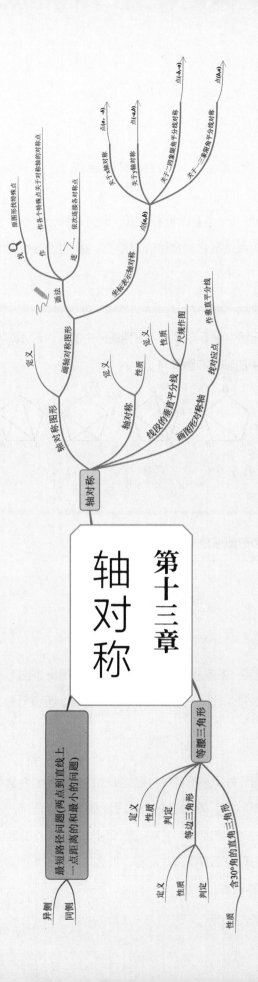

第十三章 轴对称

轴对称

轴对称图形
- 定义
- 画轴对称图形
  - 画法
    - 找 原图形找特殊点
    - 作 作各个特殊点关于对称轴的对称点
    - 连 依次连接各对称点
  - 坐标中关于坐标轴对称 点(a,b)
    - 关于x轴对称 点(a, -b)
    - 关于y轴对称 点(-a,b)
    - 关于二四象限角平分线对称 点(-b,-a)
    - 关于一三象限角平分线对称 点(b,a)

轴对称
- 定义
- 性质

线段的垂直平分线
- 定义
- 性质
- 尺规作图 作垂直平分线

画图形对称轴
- 找对应点

等腰三角形
- 定义
- 性质
- 判定
- 等边三角形
  - 定义
  - 性质
  - 判定
  - 含30°角的直角三角形
    - 性质

最短路径问题(两点到直线上一点距离的和最小的问题)
- 异侧
- 同侧

13.1 轴对称

一、轴对称图形

如果一个平面图形沿一条直线折叠，直线两旁的部分能够互相重合，这个图形就叫做轴对称图形，这条直线就是它的对称轴。这时，我们也说这个图形关于这条直线（成轴）对称。

（2018江苏无锡中考5题3分）下列图形中的五边形 $ABCDE$ 都是正五边形（如图），则这些图形中的轴对称图形有（　　　）

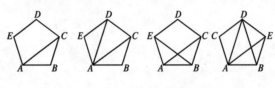

A.1个　　　　B.2个　　　　C.3个　　　　D.4个

D　题图中四个五边形都是轴对称图形，所以选 D。

二、轴对称

1.定义

把一个图形沿着某一条直线折叠，如果它能够与另一个图形重合，那么就说这两个图形关于这条直线（成轴）对称，这条直线叫做对称轴，折叠后重合的点是对应点，叫做对称点。

2.性质

（1）如果两个图形关于某条直线对称，那么这两个图形为全等形。

（2）如果两个图形关于某条直线对称，那么对称轴是任何一对对应点所连线段的垂直平分线。类似地，轴对称图形的对称轴，是任何一对对应点所连线段的垂直平分线．

（3）如果两个图形关于某条直线对称，那么这两个图形的对应线段或对应线段的延长线相交，交点在对称轴上。

三、线段的垂直平分线

1. 定义：经过线段中点并且垂直于这条线段的直线。

2. 性质：

（1）线段垂直平分线上的点与这条线段两个端点的距离相等；

（2）与线段两个端点距离相等的点在这条线段的垂直平分线上。

3. 尺规作图

已知线段 AB，作 AB 的垂直平分线。

（1）分别以点 A 和点 B 为圆心，

（2）大于 $\frac{1}{2}AB$ 的长为半径作弧，

（3）两弧相交于 C,D 两点，连接 C,D，CD 就是所求作的直线。

四、画图形的对称轴

根据图形轴对称的性质找到一对对应点，作出连接它们的线段的垂直平分线，就可以得到两个图形的对称轴。

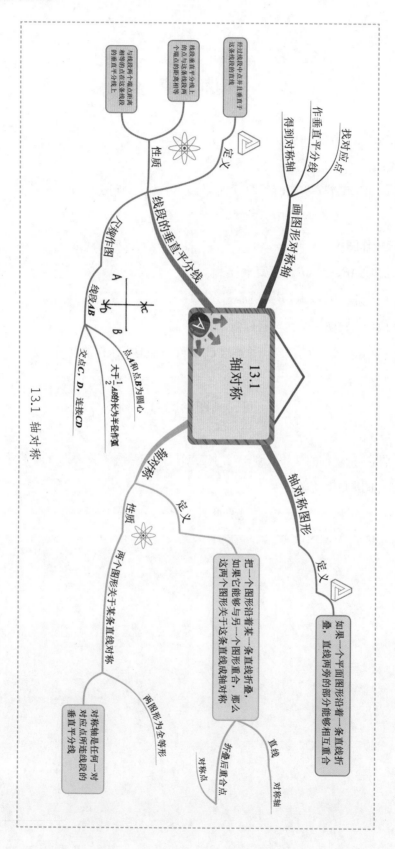

13.1 轴对称

13.2 画轴对称图形

一、画法

几何图形都可以看作由点组成。对于某些图形，只要画出图形中的一些特殊点（如线段端点）的对称点，连接这些对称点，就可以得到原图形的轴对称图形。

二、用坐标表示轴对称

1. 点 (a,b) 关于 x 轴对称的点的坐标为 $(a,-b)$；

2. 点 (a,b) 关于 y 轴对称的点的坐标为 $(-a,b)$；

3. 点 (a,b) 关于第一、三象限角平分线的对称点的坐标为 (b,a)；

4. 点 (a,b) 关于第二、四象限角平分线的对称点的坐标为 $(-b,-a)$。

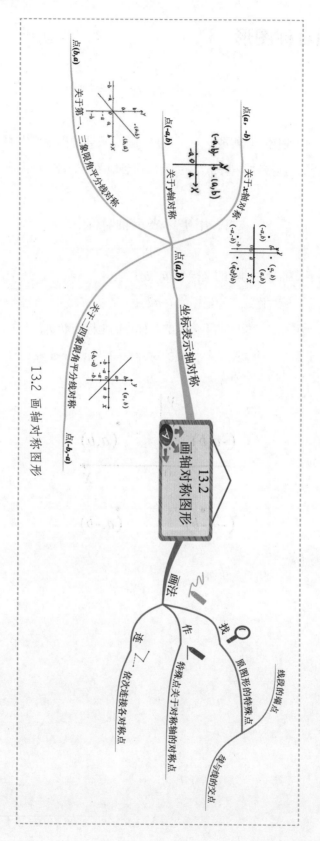

13.2 画轴对称图形

13.3 等腰三角形

一、等腰三角形

1.定义： 有两边相等的三角形是等腰三角形。相等的两条边叫做腰，另一条边叫做底边，两腰所夹的角叫做顶角，底边与腰的夹角叫做底角。

顶角是直角的等腰三角形是等腰直角三角形。

2.性质：

（1）等边对等角，即等腰三角形的两个底角相等；

（2）三线合一，即等腰三角形的顶角平分线、底边上的中线、底边上的高相互重合。

3.判定：

（1）定义法：有两条边相等的三角形是等腰三角形；

（2）如果一个三角形有两个角相等，那么这两个角所对的边也相等（可简写为"等角对等边"）。

例题

（2018 内蒙古包头中考 8 题 3 分）如图，在△ABC 中，AB=AC，△ADE 的顶点 D、E 分别在 BC、AC 上，且∠DAE=90°，AD=AE. 若∠C+∠BAC=145°，则∠EDC 的度数为（　　）

A. 17.5°　　　　B. 12.5°　　C. 12°　　D. 10°

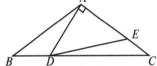

答案

D　由∠C+∠BAC=145°得∠B=35°。由 AB=AC 得 ∠B=∠C=35°。由等腰直角三角形的性质可得∠AED=45°，又∵∠AED=∠EDC+∠C，∴∠EDC=45°-35°=10°。

二、等边三角形

1. 定义： 三边都相等的三角形。

2. 性质：

（1）等边三角形具有等腰三角形的一切性质；

（2）等边三角形的三个内角都相等，并且每一个角都等于 60°；

（3）等边三角形是轴对称图形，它有三条对称轴；

（4）等边三角形外心、内心、重心、垂心四心重合。

（2019 江苏镇江中考 8 题 2 分）如图，直线 $a \parallel b$，△ABC 的顶点 C 在直线 b 上，边 AB 与直线 b 相交于点 D. 若 △BCD 是等边三角形，∠A=20°，则∠1=_____。

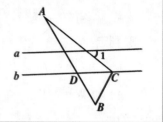

40°　∵△BCD 是等边三角形，

∴∠BDC=60°，

∵$a \parallel b$，

∴∠2=∠BDC=60°，∠1=∠2-∠A=40°。

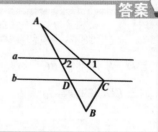

3. 判定：

（1）三条边都相等的三角形是等边三角形；

（2）三个角都相等的三角形是等边三角形；

（3）有一个角是 60° 的等腰三角形是等边三角形。

三、含 30° 角的直角三角形

性质：在直角三角形中，如果一个锐角等于 30°，那么它所对的直角边等于斜边的一半。如图所示，在 Rt△ABC 中，∠C = 30°，则 $AB = \frac{1}{2}AC$。

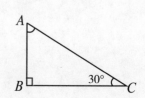

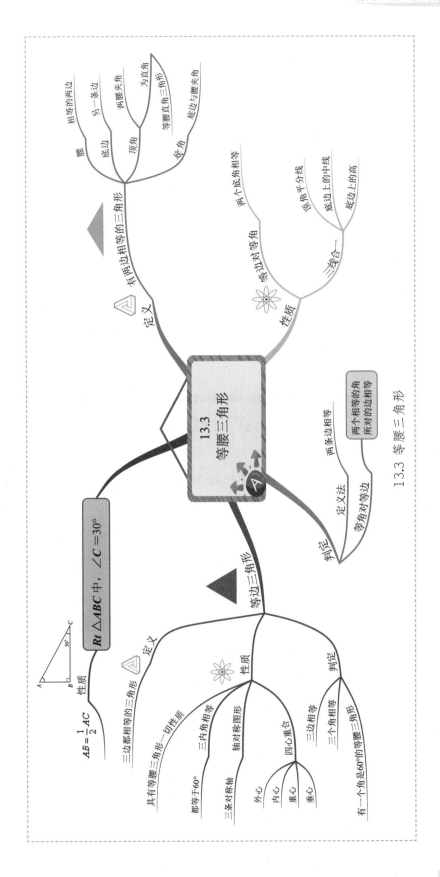

13.3 等腰三角形

13.4 最短路径问题

一 求直线异侧的两点到直线上一点距离的和最小的问题，只要连接这两点，所得线段与直线的交点即为所求的位置。如下图所示：

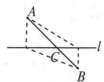

二 求直线同侧的两点到直线上一点距离的和最小的问题，只要找到其中一个点关于这条直线的对称点，连接对称点与另一个点，所得线段与该直线的交点即为所求的位置。如下图所示：

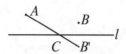

例题

（2018四川自贡中考18题4分）如图，在△ABC中，AC=BC=2，AB=1，将它沿AB翻折得到△ABD，则四边形ADBC的形状是_____形；点P、E、F分别为线段AB、AD、DB上的任意点，则PE+PF的最小值是_____。

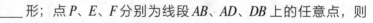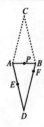

答案

菱；$\frac{\sqrt{15}}{4}$

（1）∵△ABC沿AB翻折得到△ABD，∴AC=AD，BC=BD，∵AC=BC，∴AC=AD=BC=BD，∴四边形ADBC是菱形.

（2）作F关于AB的对称点M，再过M作ME⊥AD，交AB于点P，此时PE+PF最小，即PE+PF=ME。过点A作AN⊥BC，∵AD // BC，∴ME=AN。作CH⊥AB，垂足为H。

∵AC=BC，∴AH= $\frac{1}{2}$ ，CH= $\frac{\sqrt{15}}{2}$ ，∵ $\frac{1}{2}$ AB·CH= $\frac{1}{2}$ BC·AN，∴AN= $\frac{\sqrt{15}}{4}$ ，∴ME=AN= $\frac{\sqrt{15}}{4}$ ，∴PE+PF的最小值为 $\frac{\sqrt{15}}{4}$ 。图略

13.4 最短路径问题

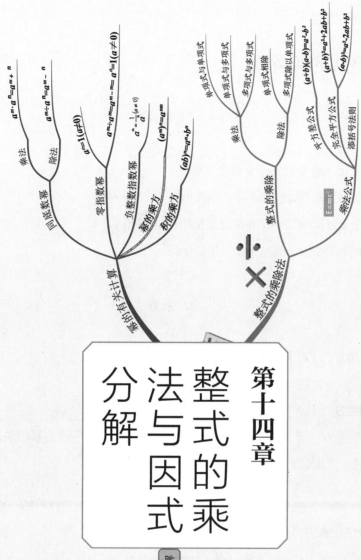
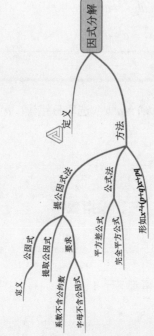

第十四章 整式的乘法与因式分解

整式的乘除

- 幂的有关计算
  - 同底数幂
    - 乘法　$a^m \cdot a^n = a^{m+n}$
    - 除法　$a^m \div a^n = a^{m-n}$
  - 零指数幂　$a^0 = 1\,(a \neq 0)$
  - 负整数指数幂　$a^{-m} = \dfrac{1}{a^m}\,(a \neq 0)$
  - 幂的乘方　$(a^m)^n = a^{mn}$
  - 积的乘方　$(ab)^n = a^n \cdot b^n$
- 整式的乘除法
  - 乘法
    - 单项式与单项式
    - 单项式与多项式
    - 多项式与多项式
  - 除法
    - 单项式除以单项式
    - 多项式除以单项式
  - 乘法公式
    - 平方差公式　$(a+b)(a-b)=a^2-b^2$
    - 完全平方公式　$(a+b)^2=a^2+2ab+b^2$　$(a-b)^2=a^2-2ab+b^2$
    - 添括号法则

$E=mc^2$

因式分解

- 定义
- 方法
  - 提公因式法
    - 公因式
      - 定义
      - 系数不含公约数
      - 字母不含公因式
    - 提取公因式
      - 要素
  - 公式法
    - 平方差公式
    - 完全平方公式
  - 形如 $x^2+(p+q)x+pq$

14.1 整式的乘除法

一、同底数幂

1. 乘法： $a^m \cdot a^n = a^{m+n}$ （m，n 都是正整数）

即：同底数幂相乘，底数不变，指数相加。

2. 除法： $a^m \div a^n = a^{m-n}$ （m，n 都是正整数且 $m > n$）

即：同底数幂相除，底数不变，指数相减。

二、乘方

1. 幂的乘方： $(a^m)^n = a^{mn}$ （m，n 都是正整数）

即：幂的乘方，底数不变，指数相乘。

2. 积的乘方： $(ab)^n = a^n b^n$ （n 是正整数）

即：积的乘方，等于把积的每一个因式分别乘方，再把所得的幂相乘，这个性质对于三个或三个以上因数的积的乘方也适用。

 例题

（2019 山东济宁一模 3 题 3 分）下列运算正确的是（　　）

A. $(a^3)^4 = a^7$　　　　　　B. $(ab)^2 = ab^2$

C. $a^8 \div a^2 = a^4$　　　　　D. $a^2 \cdot a^4 = a^6$

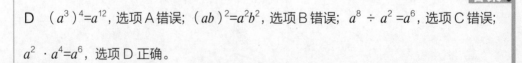**答案**

D　$(a^3)^4 = a^{12}$，选项 A 错误；$(ab)^2 = a^2 b^2$，选项 B 错误；$a^8 \div a^2 = a^6$，选项 C 错误；

$a^2 \cdot a^4 = a^6$，选项 D 正确。

三、零指数幂

1. $a^0 = 1$ （$a \neq 0$）

即：任何不等于 0 的数的 0 次幂都等于 1。

2. $a^m \div a^m = a^{m-m} = a^0 = 1 \ (a \neq 0)$

四、负整数指数幂

$a^{-n} = \dfrac{1}{a^n} \ (a \neq 0，n$ 为正整数 $)$

即：任何不等于 0 的数的 $-n(n$ 为正整数 $)$ 次幂，等于这个数 n 次幂的倒数。

五、整式的乘除

1. 乘法：

（1）单项式与单项式相乘的法则

单项式与单项式相乘, 把它们的系数、同底数幂分别相乘, 对于只在一个单项式里含有的字母，则连同它的指数作为积的一个因式。

（2）单项式与单项式相乘的运算步骤：

①把它们的系数相乘, 包括符号的计算；

②同底数幂相乘；

③只在一个单项式里含有的字母及其指数不变 . 将这三部分的乘积作为计算的结果。

（3）单项式与多项式相乘的法则

单项式与多项式相乘，就是用单项式去乘多项式的每一项，再把所得的积相加。单项式与多项式相乘的依据是乘法分配律。

（4）多项式与多项式相乘的法则

多项式与多项式相乘，先用一个多项式的每一项乘另一个多项式的每一项，再把所得的积相加。

2. 除法：

（1）单项式除以单项式法则

单项式与单项式相除，把系数与同底数幂分别相除作为商的因式，对于只在被除式里出现的字母，连同它的指数作为商的一个因式。

（2）多项式除以单项式

一般地，多项式除以单项式，先把这个多项式的每一项除以单项式，再把所得的商相加。

例题

（2018 江苏南通海安一模 18 题 8 分）化简下列各式：

（1）$(a^2b-2ab^2-b^3) \div b-(a-b)^2$；

（2）$a(3-2a)+2(a+1)(a-1)$.

答案

（1）原式 $=a^2-2ab-b^2-a^2+2ab-b^2=-2b^2$.

（2）原式 $=3a-2a^2+2(a^2-1)=3a-2a^2+2a^2-2=3a-2$.

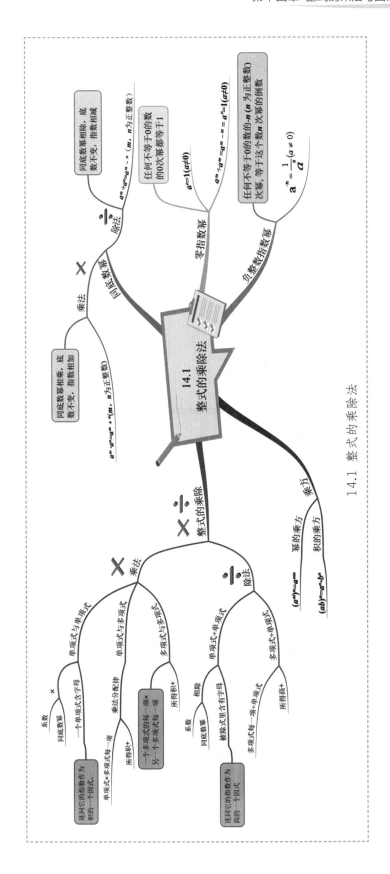

14.1 整 式 的 乘 除 法

14.2 乘法公式

一、平方差公式

$(a+b)(a-b)=a^2-b^2$

即：两个数的和与这两个数的差的积，等于这两个数的平方差。公式中的字母 a 和 b 可以是数，也可以是式子（包括单项式、多项式等）。

二、完全平方公式

$(a+b)^2=a^2+2ab+b^2$

$(a-b)^2=a^2-2ab+b^2$

即：两个数的和（或差）的平方，等于它们的平方和，加上（或减去）它们的积的 2 倍。

例题

（2018 湖南长沙中考 20 题 6 分）先化简，再求值：$(a+b)^2+b(a-b)-4ab$，其中 $a=2$，$b=-\dfrac{1}{2}$。

答案

原式 $=a^2+2ab+b^2+ab-b^2-4ab=a^2-ab$，当 $a=2$，$b=-\dfrac{1}{2}$ 时，原式 $=4+1=5$。

三、添括号法则

$a+b+c=a+(b+c)$

$a-b-c=a-(b+c)$

即：添括号时，如果括号前面是正号，括到括号里的各项都不变符号；如果括号前面是负号，括到括号里的各项都改变符号。

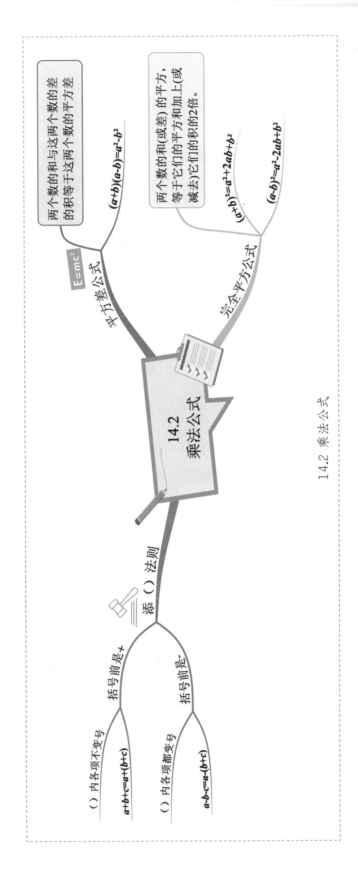

14.2 乘法公式

平方差公式

$E=mc^2$

两个数的和与这两个数的差的积等于这两个数的平方差

$(a+b)(a-b)=a^2-b^2$

完全平方公式

两个数的和(或差)的平方,等于它们的平方和加上(或减去)它们的积的2倍。

$(a+b)^2=a^2+2ab+b^2$

$(a-b)^2=a^2-2ab+b^2$

14.2 乘法公式

添( )法则

括号前是+

( )内各项不变号

$a+b+c=a+(b+c)$

括号前是-

( )内各项都变号

$a-b-c=a-(b+c)$

14.3 因式分解

一、因式分解

把一个多项式化成几个整式的积的形式，像这样的式子变形叫做这个多项式的因式分解，也叫做把这个多项式分解因式。

二、因式分解的方法

1. 提公因式法

（1）公因式：多项式的各项都含有的公共的因式叫做这个多项式各项的公因式。

（2）提公因式法：如果多项式的各项有公因式，可把这个公因式提取出来，将多项式写成公因式与另一个因式的乘积的形式，这种分解因式的方法叫做提公因式法。例如：$mc+nc=(m+n)c$。

2. 公式法

（1）平方差公式：$a^2-b^2=(a+b)(a-b)$

即：两个数的平方差等于这两个数的和与这两个数的差的积。

（2）完全平方公式：$a^2\pm 2ab+b^2=(a\pm b)^2$

即：两个数的平方和加上（或减去）这两个数的积的 2 倍，等于这两个数的和（或差）的平方。

（3）形如 $x^2+(p+q)x+pq$ 型式子的因式分解

$x^2+(p+q)x+pq=(x+p)(x+q)$。

 例题

（2019 黑龙江哈尔滨中考 13 题 3 分）把多项式 $a^2-6a^2b+9ab^2$ 分解因式的结果是_____。

 答案

$a^2-6a^2b+9ab^2=a（a^2-6ab+9b^2）=a（a-3b）^2$。

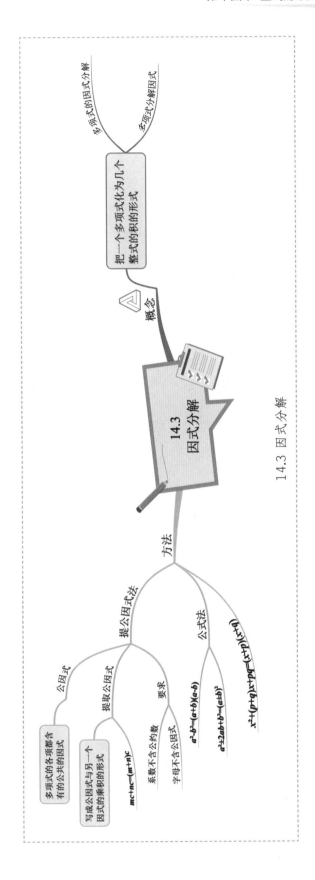

14.3 因式分解

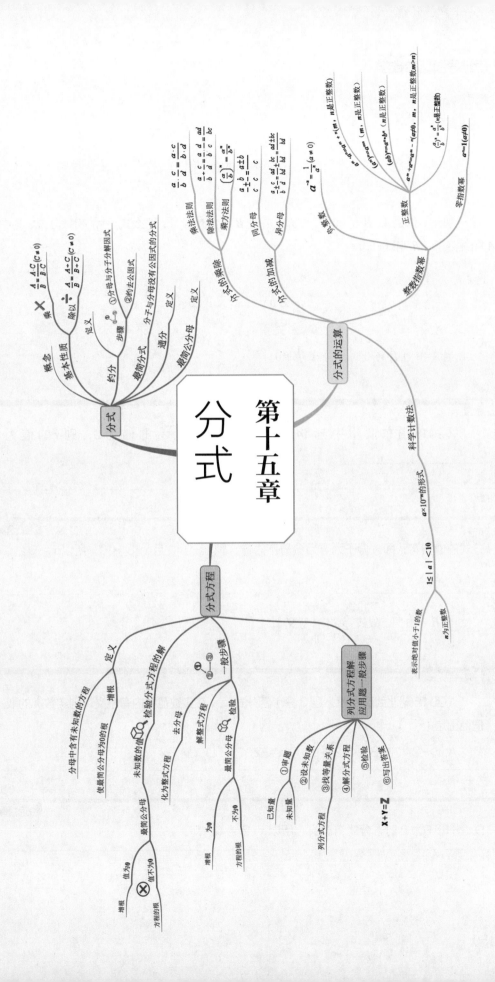

15.1 分式

一、分式的概念

一般地，如果 A、B 表示两个整式，并且 B 中含有字母，那么式子 $\dfrac{A}{B}$ 叫做分式，其中，A 叫做分子，B 叫做分母。

二、分式有意义的条件

1. 当 $A=0$ 且 $B \neq 0$ 时，分式 $\dfrac{A}{B} =0$。

例题

（2018 山东滨州中考 14 题 5 分）若分式 $\dfrac{x^2-9}{x-2}$ 的值为 0，则 x 的值为 _____。

答案

分式的值为零，即：分子为零且分母不为零，则 $x^2-9=0$ 且 $x-3 \neq 0$，所以 $x=-3$。

2. 当 $B \neq 0$ 时，分式 $\dfrac{A}{B}$ 才有意义.

例题

（2018 湖北武汉中考 2 题 3 分）若分式 $\dfrac{1}{x+2}$ 在实数范围内有意义，则实数 x 的取值范围是（ ）

A. $x>-2$　　　B. $x<-2$　　　C. $x=-2$　　　D. $x \neq -2$

答案

D　分母不为 0 时，分式有意义，所以 $x+2 \neq 0$，即 $x \neq -2$。

三、分式的基本性质

1. 分式的基本性质

分式的分子与分母乘 (或除以) 同一个不等于 0 的整式，分式的值不变。如：

乘：$\dfrac{A}{B} = \dfrac{A \times C}{B \times C}$ $(C \neq 0)$

除以：$\dfrac{A}{B} = \dfrac{A \div C}{B \div C}$ $(C \neq 0)$

其中 A，B，C 是整式。

2. 约分

（1）定义：

根据分式的基本性质，把一个分式的分子与分母的公因式约去，叫做分式的约分。

（2）约分的步骤：

①把分式的分子与分母分解因式；

②约去分子与分母的公因式.

3. 最简分式

分子与分母没有公因式的分式叫做最简分式。

4. 通分

根据分式的基本性质，把几个异分母的分式分别化成与原来的分式相等的同分母的分式，叫做分式的通分。

5. 最简公分母

各分式分母的所有因式的最高次幂的积，叫做最简公分母。

例题

（2018 陕西中考 16 题 5 分）化简：

$\left(\dfrac{a+1}{a-1} - \dfrac{a}{a+1} \right) \div \dfrac{2a+1}{a^2+a}$.

答案

先把括号里面的两个分式通分进行减法运算，然后把除法变为乘法，再约分化简。

$\left(\dfrac{a+1}{a-1} - \dfrac{a}{a+1} \right) \div \dfrac{3a+1}{a^2+a}$

$= \left[\dfrac{(a+1)^2}{(a-1)(a+1)} - \dfrac{a(a-1)}{(a-1)(a+1)} \right] \cdot \dfrac{a^2+a}{2a+1}$

$= \dfrac{a^2+2a+1-a^2+a}{(a-1)(a+1)} \cdot \dfrac{a(a+1)}{3a+1}$

$= \dfrac{3a+1}{(a-1)(a+1)} \cdot \dfrac{a(a+1)}{3a+1}$

$= \dfrac{a}{a-1}$.

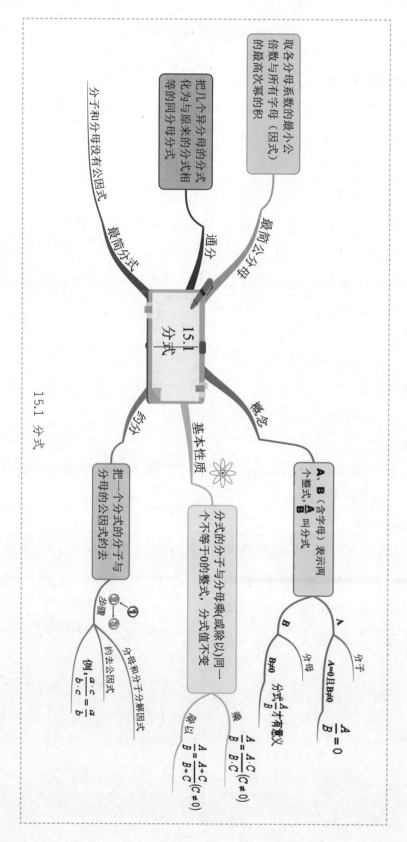

15.1 分式

15.2 分式的运算

一、分式的乘除

1.乘法法则：

分式乘分式，用分子的积作为积的分子，分母的积作为积的分母。

用式子表示为：$\dfrac{a}{b} \cdot \dfrac{c}{d} = \dfrac{a \cdot c}{b \cdot d}$。

2.除法法则：分式除以分式，把除式的分子、分母颠倒位置后，与被除式相乘。

用式子表示为：$\dfrac{a}{b} \div \dfrac{c}{d} = \dfrac{a}{b} \cdot \dfrac{d}{c} = \dfrac{a \cdot d}{b \cdot c}$。

3.乘方法则：把分子、分母分别乘方。

用式子表示为：$\left(\dfrac{a}{b}\right)^n = \dfrac{a^n}{b^n}$（$n$ 是正整数）。

例题

（2019 北京海淀实验中学期末 18 题 7 分）先化简，再求值：

$\left(\dfrac{x^2}{x-2} + \dfrac{4}{2-x}\right) \div \dfrac{x^2+4x+4}{x}$，其中 x 是 0，1，2 这三个数中合适的数.

答案

原式 $= \left(\dfrac{x^2}{x-2} + \dfrac{4}{2-x}\right) \div \dfrac{(x+2)^2}{x} = \dfrac{(x+2)(x-2)}{x-2} \cdot \dfrac{x}{(x+2)^2} = \dfrac{x}{x+2}$。

当 $x=0$，$x=2$ 时，分母为 0，分式无意义，所以当 $x=1$ 时，原式 $= \dfrac{1}{1+2} = \dfrac{1}{2}$。

二、分式的加减

1.同分母分式相加减，分母不变，把分子相加减。即：$\dfrac{a}{c} \pm \dfrac{b}{c} = \dfrac{a \pm b}{c}$

2.异分母分式相加减，先通分，变成同分母的分式，然后再加减。即：$\dfrac{a}{b} \pm \dfrac{c}{d} = \dfrac{ad}{bd} \pm \dfrac{bc}{bd} = \dfrac{ad \pm bc}{bd}$

例题

（2018 四川自贡中考 14 题 4 分）化简 $\dfrac{1}{x+1} + \dfrac{2}{x^2-1}$ 的结果是＿＿＿＿＿＿＿＿＿＿

答案

$\dfrac{1}{x+1} + \dfrac{2}{x^2-1} = \dfrac{1}{x+1} + \dfrac{2}{(x+1)(x-1)} = \dfrac{x-1}{(x+1)(x-1)} + \dfrac{2}{(x+1)(x-1)} = \dfrac{x+1}{(x+1)(x-1)} = \dfrac{1}{x-1}$.

三、整数指数幂

1. 正整数指数幂的运算性质

（1）$a^m \cdot a^n = a^{m+n}$（m，n 是正整数）；

（2）$(a^m)^n = a^{mn}$（m，n 是正整数）；

（3）$(ab)^n = a^n b^n$（n 是正整数）；

（4）$a^m \div a^n = a^{m-n}$（$a \neq 0$，m，n 是正整数，$m > n$）；

（5）$(\frac{a}{b})^n = \frac{a^n}{b^n}$（$n$ 是正整数）。

2. 零指数幂

当 $a \neq 0$ 时，$a^0 = 1$。

3. 负整数指数幂

一般地，当 n 是正整数时，$a^{-n} = \frac{1}{a^n}$（$a \neq 0$）。

四、科学记数法

对于小于 1 的正数可以用科学记数法表示为 $a \times 10^{-n}$ 的形式，其中 $1 \leqslant a < 10$，n 是正整数。

例如：$0.000\,000\,35 = 3.5 \times 10^{-7}$　　　　$-0.000\,02 = -2 \times 10^{-5}$

 例题

（2019 山东烟台中考 5 题 3 分）某种计算机完成一次基本运算的时间约为 1 纳秒（ns），已知 1 纳秒 = 0.000 000 001 秒，该计算机完成 15 次基本运算，所用的时间用科学记数法表示为（　　）

A. 1.5×10^{-9} 秒　　　　B. 15×10^{-9} 秒

C. 1.5×10^{-8} 秒　　　　D. 15×10^{-8} 秒

答案

C　用科学记数法表示绝对值较小的数的形式为 $a \times 10^{-n}$，故所用时间 $=15 \times 0.000\,000\,001 = 15 \times 10^{-9} = 1.5 \times 10^{-8}$ 秒。故选 C。

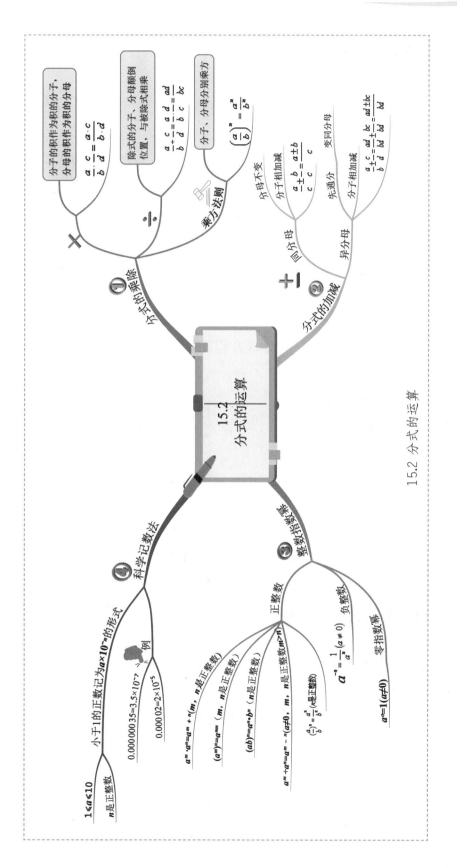

15.2 分式的运算

15.3 分式方程

一、分式方程的定义

分母中含未知数的方程叫做分式方程。使最简公分母为零的根叫做分式方程的增根。

二、检验分式方程

将整式方程的解代入最简公分母，如果最简公分母的值不为 0，则整式方程的解是原分式方程的解，否则这个解不是原分式方程的解。

三、解分式方程的一般步骤

1. 去分母，化为整式方程；

2. 解整式方程；

3. 检验：

（1）最简公分母为 0 时，所得解不是分式方程的解；

（2）最简公分母不为 0 时，所得解是分式方程的解。

四、列分式方程解应用题的步骤

1. 审题，分清已知量和未知量；

2. 设未知数；

3. 根据题意找等量关系，列分式方程；

4. 解这个分式方程；

5. 检验，看方程的解是否满足原分式方程且符合题意；

6. 写出答案。

例题

（2019 湖北黄冈中考 20 题 7 分）为了对学生进行革命传统教育，红旗中学开展了"清明节祭扫"活动．全校学生从学校同时出发，步行 4 000 米到达烈士纪念馆．学校要求九（1）班提前到达目的地，做好活动的准备工作．行走过程中，九（1）班步行的平均速度是其他班的 1.25 倍，结果比其他班提前 10 分钟到达．分别求九（1）班、其他班步行的平均速度．

答案

设其他班的步行的平均速度为 x 米 / 分，则九（1）班步行的平均速度为 $1.25x$ 米 / 分，

依题意，得 $\dfrac{4\,000}{x} - \dfrac{4\,000}{1.25x} = 10$，

解得 $x=80$，

经检验，$x=80$ 是原方程的解，且符合题意，

∴ $1.25x=100$．

∴九（1）班的平均速度为 100 米 / 分，其他班步行的平均速度为 80 米 / 分。

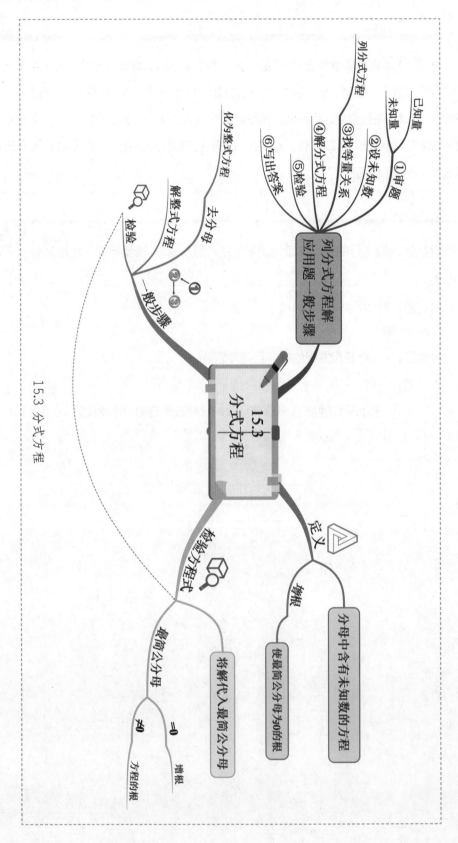

15.3 分式方程

第十六章

二次根式

代数式

用基本运算符号把数或表示数的字母连接起来的式子

x^2
3
$a \cdot b$
$a-b$
$\sqrt{a}$

基本运算符号

$+$ $-$

$\times$ $\div$

乘方

开方

二次根式

定义

性质

运算

二次根式的乘除

二次根式的加减

混合运算

乘法法则

除法法则

最简二次根式

化成最简二次根式

合并

找被开方数相同的二次根式

系数相加减

顺序

①去括号

②乘方

③乘除

④加减

运算结果

最简二次根式或整数

16.1 二次根式

一、定义

一般地，我们把形如 $\sqrt{a}$ $(a \geq 0)$ 的式子叫做二次根式，"根号 $\sqrt{}$" 称为二次根号。当 $a \geq 0$ 的时候二次根式才有意义，即被开方数必须大于或等于 0，小于零无意义。

二、性质

1. $\sqrt{a^2} = |a| = \begin{cases} a\,(a \geq 0) \\ 0\ (a = 0) \\ -a\,(a \leq 0) \end{cases}$；

2. $\sqrt{a} \geq 0$ （$a \geq 0$）；

3. $(\sqrt{a})^2 = a$ （$a \geq 0$）。

（2018 浙江杭州中考 3 题 3 分）下列计算正确的是 （　　）

A. $\sqrt{2^2} = 2$ 　　　　 B. $\sqrt{2^2} = \pm 2$

C. $\sqrt{4^2} = 2$ 　　　　 D. $\sqrt{4^2} = \pm 2$

A　因为 $\sqrt{a^2} = |a| \geq 0$，所以 B、D 错误 . 因为 $\sqrt{4^2} = 4$，所以 C 错误。故选 A。

三、代数式

用基本运算符号把数或表示数的字母连接起来的式子叫代数式。如：x^2, 3, ab, $a-b$, $\sqrt{a}$（$a \geq 0$）等都是代数式。其中基本运算符号包括：加减、乘除、乘方和开方。

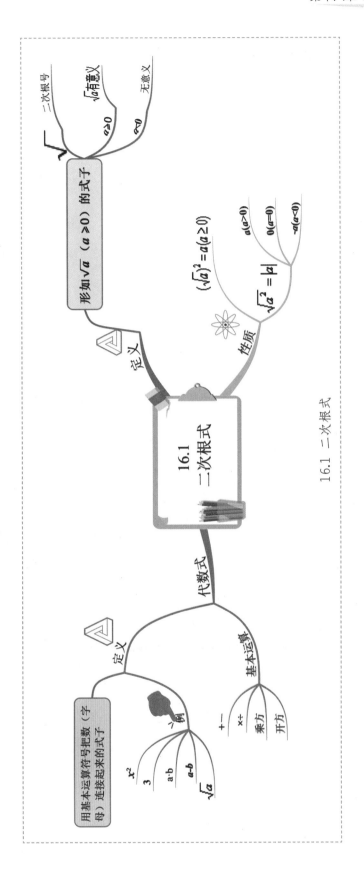

16.1 二次根式

16.2 二次根式的乘除

一、乘法法则

$\sqrt{a} \cdot \sqrt{b} = \sqrt{ab}$ $(a \geq 0, \ b \geq 0)$。

即两个二次根式相乘，把被开方数相乘，根指数不变。

二、除法法则

1. $\dfrac{\sqrt{a}}{\sqrt{b}} = \sqrt{\dfrac{a}{b}}$ $(a \geq 0, \ b>0)$。

即：两个二次根式相除，把被开方数相除，根指数不变。

2. 分母有理化

在二次根式的运算中，最后结果一般要求分母中不含二次根式，把分母中的根号化去的过程称为分母有理化。

（1）$\dfrac{\sqrt{a}}{\sqrt{b}} = \dfrac{\sqrt{a} \cdot \sqrt{a}}{\sqrt{b} \cdot \sqrt{b}} = \dfrac{\sqrt{ab}}{b}$ $(a \geq 0, \ b > 0)$；

（2）$\dfrac{ab}{\sqrt{b}} = \dfrac{a(\sqrt{b})^2}{\sqrt{b}} = a\sqrt{b}$ $(b > 0)$。

三、最简二次根式的条件

1. 被开方数不含分母；

2. 被开方数中不含能开得尽方的因数或因式。

（2018 山东滨州中考 13 题 5 分）计算：

$\left(-\dfrac{1}{2}\right)^{-2} - |\sqrt{3} - 2| + \sqrt{\dfrac{3}{2}} \div \sqrt{\dfrac{1}{18}} =$ _____

$2+4\sqrt{3}$　原式 $=4-2+\sqrt{3}+3\sqrt{3} = 2+4\sqrt{3}$。

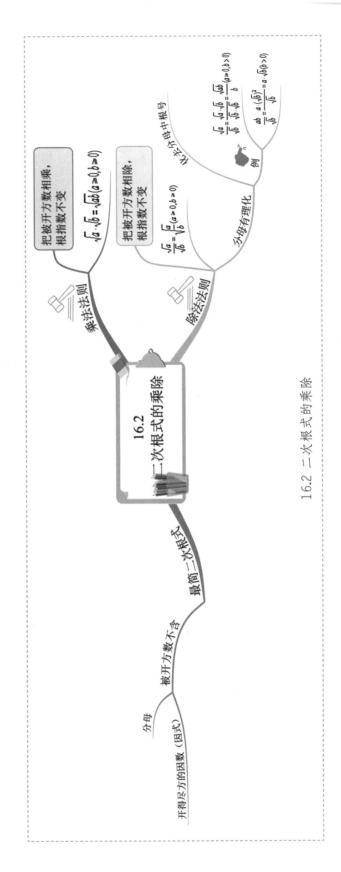

16.2 二次根式的乘除

16.3 二次根式的加减

一、加减

当二次根式加减时，可以先将二次根式化成最简二次根式，再将被开方数相同的二次根式进行合并。

注：在合并时将系数相加仍作为系数，根指数与被开方数保持不变；当系数为分数时，必须化为假分数。

（2018 四川绵阳中考 19（1）题 8 分）计算：$\frac{1}{3}\sqrt{27} = \frac{4}{3}\sin 60° + |2 - \sqrt{3}| + \sqrt{\frac{4}{3}}$。

原式 $= \frac{1}{3} \times 3\sqrt{3} - \frac{4}{3} \times 2 - \sqrt{3} + \frac{2\sqrt{3}}{3} = \sqrt{3} - \frac{2\sqrt{3}}{3} + 2 - \sqrt{3} + \frac{2\sqrt{3}}{3} = 2.$

二、混合运算

1. 混合运算的顺序：去括号，乘方，乘除，加减。

2. 混合运算的结果：写成最简二次根式或整数。

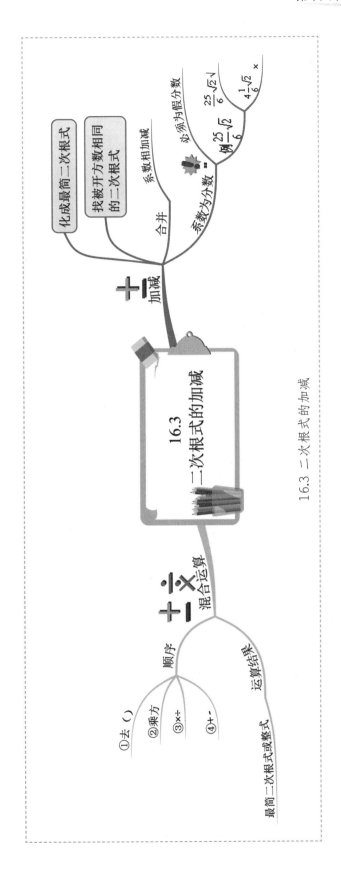

16.3 二次根式的加减

第十七章
勾股定理

勾股定理

定义　直角三角形两直角边的平方和等于斜边的平方（c为斜边）$a^2+b^2=c^2$

变形
$a^2=c^2-b^2$　$a=\sqrt{c^2-b^2}$
$b^2=c^2-a^2$　$b=\sqrt{c^2-a^2}$
$c=\sqrt{a^2+b^2}$　求第三边

应用
已知直角三角形两边
构造直角三角形　辅助线——高
表示长度为无理数的线段

勾股定理的逆定理

逆定理　如果三角形的三边长a，b，c满足$a^2+b^2=c^2$，那么这个三角形是直角三角形，

常见勾股数
a，b，c
ak，bk，ck（k为正整数）

互逆命题
一般地，如果两个命题的题设结论正好相反，这样两个命题叫互逆命题

其中一个叫原命题
另一个叫它的逆命题

17.1 勾股定理

一、定义

直角三角形两直角边的平方和等于斜边的平方。即：如果直角三角形的两条直角边长分别为 a，b，斜边长为 c，那么 $a^2+b^2=c^2$。

常用变式及应用 $a^2=c^2-b^2$，$b^2=c^2-a^2$；$a=\sqrt{c^2-b^2}$，$b=\sqrt{c^2-a^2}$，$c=\sqrt{a^2+b^2}$。

例题

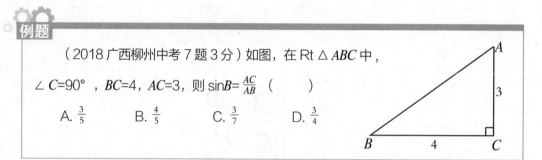

（2018 广西柳州中考 7 题 3 分）如图，在 Rt△ABC 中，

$\angle C=90°$，$BC=4$，$AC=3$，则 $\sin B=\frac{AC}{AB}$ （　　）

A. $\frac{3}{5}$　　　B. $\frac{4}{5}$　　　C. $\frac{3}{7}$　　　D. $\frac{3}{4}$

答案

A　由勾股定理，得 $AB=\sqrt{AC^2+BC^2}=\sqrt{3^2+4^2}=5$，则 $\sin B=\frac{AC}{AB}=\frac{3}{5}$，故选 A。

二、勾股定理的应用

1. 已知直角三角形的两边，求第三边；

2. 构造直角三角形，作辅助线高。

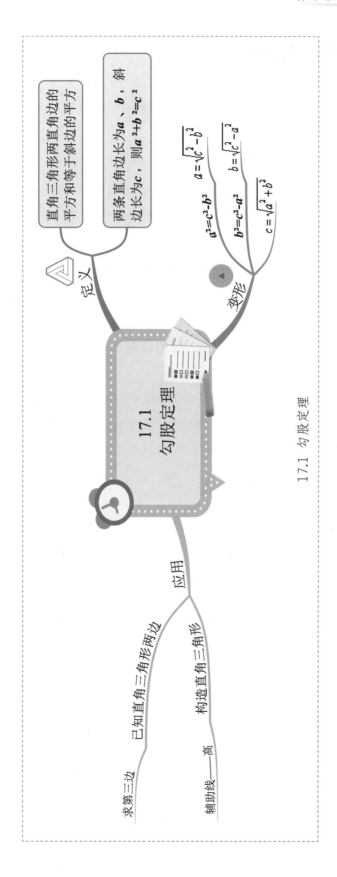

17.1 勾股定理

17.2 勾股定理的逆定理

一、逆定理

1.如果三角形的三边长 a，b，c（c 是最长边）满足 $a^2+b^2=c^2$，那么这个三角形是直角三角形。

2.能够成为直角三角形三条边长的三个正整数，称为勾股数。若 a,b,c 是一组勾股数，常见的有 3，4，5；5，12，13；8，15，17 等。

3.同理若 a，b，c 是一组勾股数，则 ak，bk，ck（k 是正整数）也是一组勾股数。如 6，8，10；10，24，26 等。

二、互逆命题

一般地，如果两个命题的题设、结论正好相反，这样的两个命题叫做互逆命题。如果把其中一个叫做原命题，那么另一个叫做它的逆命题。

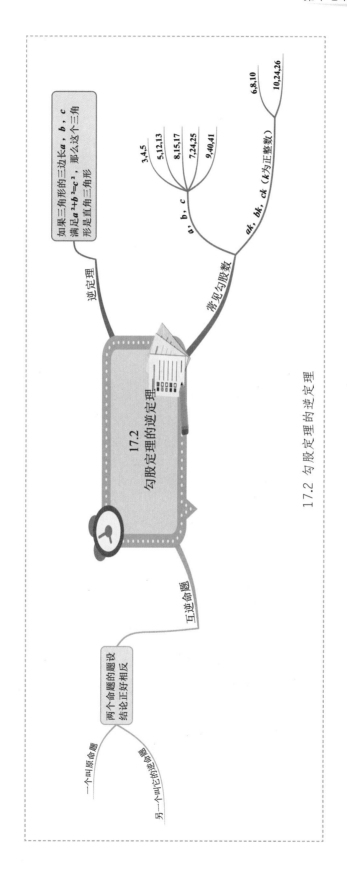

17.2 勾股定理的逆定理

逆定理：如果三角形的三边长 *a*，*b*，*c* 满足 *a*²+*b*²=*c*²，那么这个三角形是直角三角形

常见勾股数：
- *a*，*b*，*c*
  - 3,4,5
  - 5,12,13
  - 8,15,17
  - 7,24,25
  - 9,40,41
- *ak*，*bk*，*ck*（*k*为正整数）
  - 6,8,10
  - 10,24,26

17.2 勾股定理的逆定理

互逆命题：两个命题的题设结论正好相反
- 一个叫原命题
- 另一个叫它的逆命题

第十八章

平行四边形

三角形中位线
定义
定理

平行四边形
定义
性质
判定

特殊的平行四边形

矩形
定义
性质
判定

菱形
定义
性质
判定
面积计算

正方形
定义
性质
判定

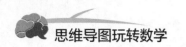
18.1 平行四边形

一、平行四边形的定义

两组对边分别平行的四边形叫做平行四边形。用符号"$\square$"表示，平行四边形 *ABCD* 记作"$\square ABCD$"。

二、平行四边形的性质

1. 平行四边形的两组对边分别平行且相等。

如下图，在平行四边形 *ABCD* 中，$AD \parallel BC$，$AD=BC$，$AB \parallel CD$，$AB=CD$。

2. 角：平行四边形的两组对角分别相等，邻角互补。

如下图，在平行四边形 *ABCD* 中，$\angle BAD=\angle BCD$，$\angle ABC=\angle ADC$；

$\quad\angle ABC+\angle BAD=180°$，$\angle ADC+\angle BCD=180°$。

3. 对角线：平行四边形的对角线互相平分。

如下图，在平行四边形 *ABCD* 中，$OA=OC=\frac{1}{2}AC$，$OB=OD=\frac{1}{2}BD$。

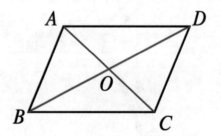

（2018 四川遂宁中考 7 题 4 分）如图，$\square ABCD$ 中，对角线 *AC*、*BD* 相交于点 *O*，$OE \perp BD$ 交 *AD* 于点 *E*，连接 *BE*，若 $\square ABCD$ 的周长为 28，则 $\triangle ABE$ 的周长为（　　）

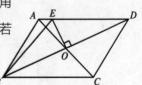

  A. 28 B. 24 C. 21 D. 14

D ∵ 四边形 *ABCD* 是平行四边形，

∴ *OB*=*OD*，*AB*=*CD*，*AD*=*BC*，

∵ 平行四边形 *ABCD* 的周长为 28，

∴ *AB*+*AD*=14。

∵ *OE* ⊥ *BD*，

∴ *OE* 垂直平分 *BD*，

∴ *BE*=*ED*，

∴ △ *ABE* 的周长 =*AB*+*BE*+*AE*=*AB*+*AD*=14，

故选 D。

三、平行四边形的判定

1. 从边看：

（1）两组对边分别平行的四边形是平行四边形；

（2）两组对边分别相等的四边形是平行四边形；

（3）一组对边平行且相等的四边形是平行四边形。

2. 从角看：

两组对角分别相等的四边形是平行四边形。

3. 从对角线看：

对角线互相平分的四边形是平行四边形。

（2019 四川泸州中考 8 题 3 分）四边形 *ABCD* 的对角线 *AC* 与 *BD* 相交于点 *O*，下列四组条件中，一定能判定四边形 *ABCD* 为平行四边形的是（　　）

A. *AD* // *BC*　　　　　　B. *OA*=*OC*，*OB*=*OD*

C. *AD* // *BC*，*AB*=*DC*　　D. *AC* ⊥ *BD*

B ∵ *OA*=*OC*，*OB*=*OD*，∴四边形 *ABCD* 是平行四边形，故选 B。

四、三角形的中位线

1.定义：连接三角形两边中点的线段叫做三角形的中位线。

2.定理：中位线平行于三角形的第三边，并且等于第三边的一半。

如下图，D，E 分别是 $\triangle ABC$ 中 AB，AC 的中点，则 $DE \parallel BC$ 且 $DE = \frac{1}{2} BC$。

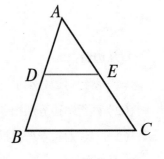

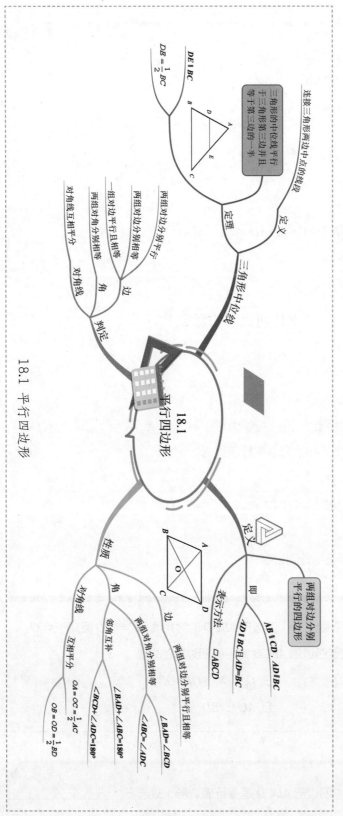

18.2 特殊的平行四边形

一、矩形

1.定义

有一个角是直角的平行四边形叫做矩形。

2.符合矩形的两个必然要素：

（1）四边形是平行四边形；

（2）有一个角是直角，

两者缺一不可。

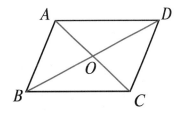

3.性质

（1）从角看：矩形四个角都是直角；

（2）从对角线看：矩形的对角线相等且相互平分。如上图，$AC=BD$，

$OA=OC=OB=OD=\frac{1}{2}AC=\frac{1}{2}BD$。

 例题

（2019 福建中考 13 题 4 分）如图，在 Rt△ABC 中，

∠ACB=90°，AB=6，D 为 AB 的中点，则 CD= _____

_____。

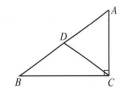

答案

3   在△ABC 中，∠ACB 为直角，斜边 AB=6，∵ CD 是 AB 边上的中线，

∴ CD=$\frac{1}{2}AB$=3.

4.判定定理

（1）从角看：

①有一个角是直角的平行四边形是矩形；

②有三个角是直角的四边形是矩形。

（2）从对角线看：

对角线相等的平行四边形是矩形。

例题

（2018上海中考 5 题 4 分）已知平行四边形 $ABCD$，下列条件中，不能判定这个平行四边形为矩形的是 （　　）

A. $\angle A = \angle B$ 　　　　　B. $\angle A = \angle C$

C. $AC = BD$ 　　　　　D. $AB \perp BC$

答案

B 　$\because \angle A = \angle B$，$AD \parallel BC$，$\therefore \angle A = \angle B = 90°$，A 选项能判定；$\because \angle A = \angle C$ 是一组对角相等，任意平行四边形都具有此性质，B 选项不能判定；根据对角线相等的平行四边形是矩形，C 选项能判定；$\because AB \perp BC$，$\therefore \angle B = 90°$，D 选项能判定。故选 C。

二、菱形

1. 定义：有一组邻边相等的平行四边形叫做菱形。

2. 性质：

（1）菱形的四条边都相等；

（2）菱形的两条对角线互相垂直，并且每一条对角线平分一组对角。

例题

（2018江苏宿迁中考 7 题 3 分）如图，菱形 $ABCD$ 的对角线 AC，BD 相交于点 O，点 E 为 CD 的中点，若菱形 $ABCD$ 的周长为 16，$\angle BAD = 60°$，则 $\triangle OCE$ 的面积是（　　）

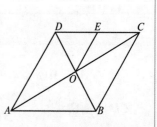

A. $\sqrt{3}$ 　　　B. 2 　　　C. $2\sqrt{3}$ 　　　D. 4

答案

A 　过点 E 作 AC 的垂线，垂足为 F. $\because$ 菱形 $ABCD$ 的周长为 16，$\therefore AD = CD = 4$. 在菱形 $ABCD$ 中，$AC \perp BD$，E 为 CD 的中点，$\therefore OE = CE = 2$. $\because \angle BAD = 60°$，$\therefore \angle COE = \angle OCE = 30°$. $\therefore EF = 1$，$OF = CF = \sqrt{3}$. $\therefore \triangle OCE$ 的面积是 $\dfrac{1}{2} \times 2\sqrt{3} \times 1 = \sqrt{3}$。故选 A。

3. 判定定理：

（1）一组邻边相等的平行四边形是菱形；

（2）四条边相等的四边形是菱形；

（3）对角线互相垂直的平行四边形是菱形；

（4）对角线互相垂直平分的四边形是菱形。

4. 菱形的面积计算

菱形的面积等于它的对角线之积的一半．如上图，菱形的面积：$S=\dfrac{1}{2}AC \cdot BD$.

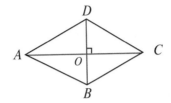

 例题

（2018 江苏扬州中考 24 题 10 分）如图，在平行四边形 $ABCD$ 中，$DB=DA$，点 F 是 AB 的中点，连接 DF 并延长，交 CB 的延长线于点 E，连接 AE。

（1）求证：四边形 $AEBD$ 是菱形；

（2）若 $DC=\sqrt{10}$，$\tan \angle DCB=3$，求菱形 $AEBD$ 的面积。

 答案

（1）证明：∵ 四边形 $ABCD$ 是平行四边形，

∴ AD // CE，∴ $\angle DAF= \angle EBF$，

∵ $\angle AFD= \angle EFB$，$AF=FB$，∴ $\triangle AFD \cong \triangle BFE$，∴ $AD=EB$，

又 ∵ AD // EB，∴ 四边形 $AEBD$ 是平行四边形，

∵ $BD=AD$，∴ 四边形 $AEBD$ 是菱形．

（2）∵ 四边形 $ABCD$ 是平行四边形，∴ $AB=CD=\sqrt{10}$，AB // CD，∴ $BF=\dfrac{\sqrt{10}}{2}$，

$\angle ABE= \angle DCB$，∴ $\tan \angle ABE= \tan \angle DCB=3$。

∵ 四边形 $AEBD$ 是菱形，∴ $AB \perp DE$，$AF=FB$，$EF=DF$，

∴ $\tan \angle ABE=\dfrac{EF}{BF}=3$，∴ $EF=\dfrac{2\sqrt{10}}{3}$，∴ $DE=2\sqrt{10}$，

∴ $S_{菱形 AEBD}=\dfrac{1}{2}AB \cdot DE=\dfrac{1}{2} \times \sqrt{10} \times 3\sqrt{10}=15$.

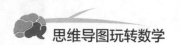
三、正方形

1. 定义

四条边都相等，四个角都是直角的四边形是正方形。正方形既是矩形又是菱形。

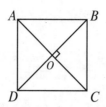

2. 性质：正方形的性质包含了矩形和菱形的性质。

（1）边：四条边都相等；

（2）角：四个角都是直角；

（3）对角线：对角线相等且互相垂直平分。

（2018湖南湘潭中考22题6分）如图，在正方形 $ABCD$ 中，$AF=BE$，AE 与 DF 相交于点 O。

（1）求证：$\triangle DAF \cong \triangle ABE$；

（2）求 $\angle AOD$ 的度数。

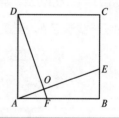

（1）证明：∵四边形 $ABCD$ 是正方形，

∴ $AD=AB$，$\angle DAB = \angle B = 90°$．

在 $\triangle DAF$ 和 $\triangle ABE$ 中，$\begin{cases} AD=AB, \\ \angle DAB = \angle B, \\ AF=BE, \end{cases}$ ∴ $\triangle DAF \cong \triangle ABE$．

（2）∵ $\triangle DAF \cong \triangle ABE$，∴ $\angle EAF = \angle ADF$，∵ $\angle ADF + \angle AFD = 90°$，

∴ $\angle EAF + \angle AFD = 90°$，∴ $\angle AOD = \angle EAF + \angle AFD = 90°$．

3. 正方形的判定方法

（1）平行四边形 + 一组邻边相等 + 一个角为直角；

（2）矩形 + 一组邻边相等；

（3）矩形 + 对角线互相垂直；

（4）菱形 + 一个角为直角；

（5）菱形 + 对角线相等。

例题

（2019 四川泸州模拟 18 题 6 分）如图，E、F、M、N 分别是正方形 $ABCD$ 四条边上的点，$AE=BF=CM=DN$，四边形 $EFMN$ 是什么图形？证明你的结论。

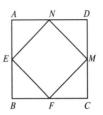

答案

四边形 $EFMN$ 是正方形。

证明：$\because AE=BF=CM=DN$，$\therefore AN=DM=CF=BE$，

　　　$\therefore \angle A=\angle B=\angle C=\angle D=90°$，

　　　$\therefore \triangle ANE \cong \triangle DMN \cong \triangle CFM \cong \triangle BEF$.

　　　$\therefore EF=EN=NM=MF$，$\angle ENA=\angle DMN$.

　　　$\therefore$ 四边形 $EFMN$ 是菱形。

　又 $\because \angle ENA=\angle DMN$，$\angle DMN+\angle DNM=90°$，

　　　$\therefore \angle ENA+\angle DNM=90°$.

　　　$\therefore \angle ENM=90°$，$\therefore$ 四边形 $EFMN$ 是正方形。

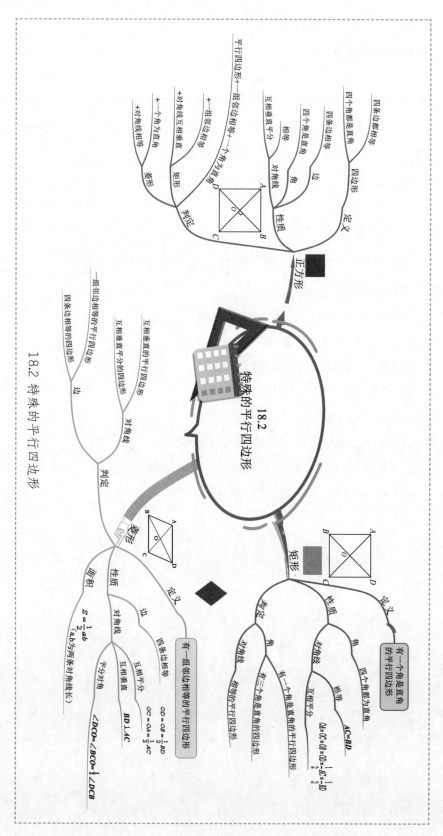

18.2 特殊的平行四边形

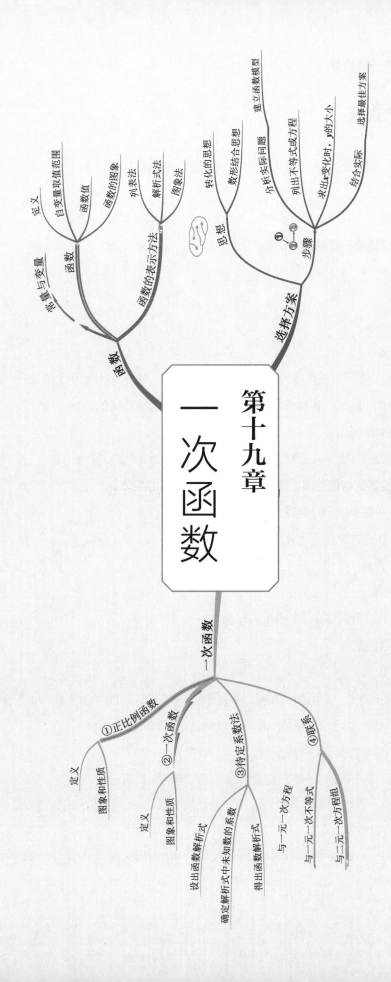

第十九章 一次函数

函数
├ 常量与变量
├ 函数
│ ├ 定义
│ ├ 自变量取值范围
│ ├ 函数值
│ └ 函数的图象
└ 函数的表示方法
   ├ 列表法
   ├ 解析式法
   └ 图象法

选择方案
├ 思想
│ ├ 转化的思想
│ └ 数形结合思想
└ 步骤
   ├ 分析实际问题
   ├ 建立函数模型
   ├ 列出不等式或方程
   ├ 决出x变化时，y的大小
   ├ 给出实际
   └ 选择最佳方案

一次函数
├ ①正比例函数
│ ├ 定义
│ └ 图象和性质
├ ②一次函数
│ ├ 定义
│ └ 图象和性质
├ ③待定系数法
│ ├ 设出函数解析式
│ ├ 确定解析式中未知数的系数
│ └ 得出函数解析式
└ ④联系
   ├ 与一元一次方程
   ├ 与一元一次不等式
   └ 与二元一次方程组

19.1 函数

一、常量与变量

1. 变量： 在一个变化过程中，数值发生变化的量为变量；

2. 数值始终不变的量为常量。

二、函数

1. 定义

一般地，在一个变化过程中，如果有两个变量 x 与 y，并且对于 x 的每一个确定的值，y 都有唯一确定的值与其对应，那么就说 x 是自变量，y 是 x 的函数。

2. 函数值

如果当 $x=a$ 时 $y=b$，那么 b 叫做当自变量的值为 a 时的函数值。

3. 自变量的取值范围：使函数有意义的自变量的全体。

（1）在整式中，自变量为全体实数；

（2）在分式中，满足分母不为零；

（3）开偶次方根，满足被开方数大于或等于 0；开奇次方根，被开方数自变量取全体实数；

（4）在实际问题中，要满足实际意义。

4. 函数的图象

（1）定义

一般地，对于一个函数，如果把自变量与函数的每对对应值分别作为点的横、纵坐标，那么坐标平面内由这些点组成的图形，就是这个函数的图象。

（2）画函数图象的一般步骤：

①列表：表中给出一些自变量的值及其对应的函数值；

②描点：在直角坐标系中，以自变量的值为横坐标，相应的函数值为纵坐标，描出表格中数值对应的各点；

③连线：按照横坐标由小到大的顺序，把所描出的各点用平滑曲线连接起来。

三、函数的表示方法

	定义	优点	缺点
列表法	把自变量 x 的一系列值和函数 y 的对应值列成一个表，来表示函数关系	可以一目了然地查到 x 与它对应的 y 值	由于表格中列举的局限性，很难看出 x 与 y 的规律
图象法	用图象表示函数关系	直观明了地表示 y 与 x 的关系	由于所画图象是局部的，由图象观察得出的结果也只是一个近似的数量关系
解析式法	用函数的解析式表示函数	简明扼要，便于分析 x 与 y 的关系	计算复杂，并且在一些实际问题中，并不能用解析式来表示

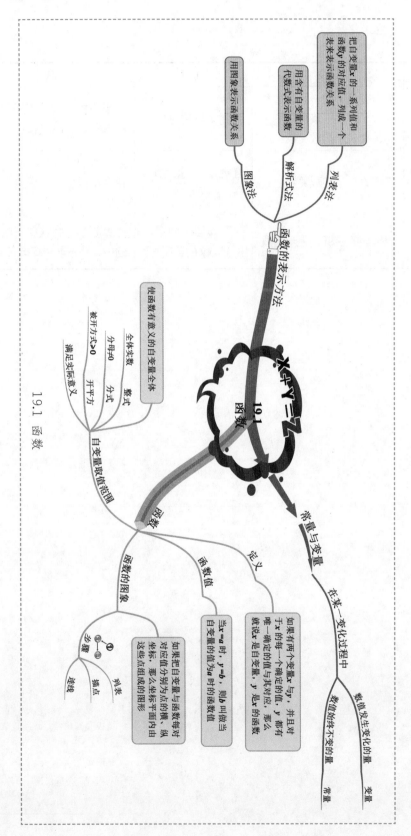

19.1 函数

19.2 一次函数

一、正比例函数

1. 定义

一般地，形如 $y=kx$（k 是常数，$k \neq 0$）的函数，叫做正比例函数，其中 k 叫做比例系数。

2. 正比例函数的图象和性质

k的符号	函数的图象	图象的位置	性质
$k>0$		图象过第一、三象限	y随x的增大而增大
$k<0$		图象过第二、四象限	y随x的增大而减小

其中，当 $|k|$ 越大时，直线 $y=kx$ 越靠近 y 轴；当 $|k|$ 越小时，直线 $y=kx$ 越靠近 x 轴。

例题

（2017 天津中考 16 题 3 分）若正比例函数 $y=kx$（k 是常数，$k \neq 0$）的图象经过第二、四象限，则 k 的值可以是 ＿＿＿＿＿＿＿＿＿＿（写出一个即可）

答案

-1（答案不唯一，只需小于 0 即可） 根据正比例函数的性质，若函数图象经过第二、四象限，则 $k<0$，因此 k 的值可以是任意负数。

二、一次函数

1. 定义

一般地，形如 $y=kx+b$（k，b 是常数，$k \neq 0$）的函数，叫做一次函数。当 $b=0$ 时，$y=kx+b$，即 $y=kx$。

2. 一次函数的图象和性质

一次函数 $y=kx+b(k \neq 0)$ 的图象通过直线 $y=kx$ 向上或向下平移 $|b|$ 个单位长度得到。

k的符号	b的符号	经过象限	图像	性质
$k>0$	$b>0$	一、二、三		y随x的增大而增大
	$b=0$	一、三		
	$b<0$	一、三、四		
$k<0$	$b>0$	一、二、四		y随x的增大而减小
	$b=0$	二、四		
	$b<0$	二、三、四		

从上表观察可得：

k 决定直线的趋势，上升还是下降；

b 决定了函数图象与 y 轴的交点，正半轴、原点或负半轴。

例题

（2019山东临沂中考12题3分）下列关于一次函数 $y=kx+b$（ $k<0$，$b>0$ ）的说法，错误的是 （　　）

　　A. 图象经过第一、二、四象限　　　　B. y 随 x 的增大而减小

　　C. 图象与 y 轴相交于点（0，b ）　　D. 当 $x>-\dfrac{b}{k}$ 时，$y>0$

答案

D　$\because y=kx+b$（ $k<0$，$b>0$ ），$\therefore$图象经过第一、二、四象限，A 正确；$\because k<0$，$\therefore y$ 随 x 的增大而减小，B 正确；$\because$当 $x=0$ 时，$y=b$，$\therefore$图象与 y 轴相交于点（0，b），C 正确；当 $y=0$ 时，$x=-\dfrac{b}{k}$，$\because y$ 随 x 的增大而减小，$\therefore$当 $x>-\dfrac{b}{k}$ 时，$y<0$，D 不正确。故选 D。

3. 一次函数图象的画法

由函数解析式 $y=kx+b(k$、b 是常数，$k \neq 0)$ 选取满足条件的两个点 (x_1,y_1)、(x_2,y_2)，过这两点作直线，即可得到一次函数的图象。

三、待定系数法

先设出函数解析式，再根据条件确定解析式中未知的系数，从而得出函数解析式的方法叫做待定系数法。

（2018 山东枣庄中考 5 题 3 分）如图，直线 l 是一次函数 $y=kx+b$ 的图象，如果点 A（3，m）在直线 l 上，则 m 的值为（　　）

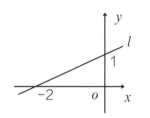

A. -5 　　　B. $\frac{3}{2}$ 　　　C. $\frac{5}{2}$ 　　　D. 7

答案

C 由图可得直线 l 与坐标轴的两个交点的坐标为（0，1），（-2，0），代入 $y=kx+b$ 可求得直线 l 的解析式为 $y=\frac{1}{2}x+1$，再把点 A（3，m）代入直线 l 的解析式中，求得 m 的值为 $\frac{5}{2}$。故选 C。

四、一次函数与一元一次方程

解一元一次方程：

任何一个以 x 为未知数的一元一次方程都可以变形为 $ax+b=0(a\neq 0)$ 的形式，所以解一元一次方程相当于令一次函数 $y=ax+b$ 的函数值为 0，来求自变量 x 的值。

例题

（2018 湖南邵阳中考 16 题 3 分）如图所示，一次函数 $y=kx+b$ 的图象与 x 轴交于点（2，0），与 y 轴交于点（4，0），结合图象可知，关于 x 的方程 $ax+b=0$ 的解是 ＿＿＿＿＿＿。

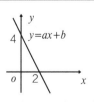

答案

$x=2$ ∵一次函数 $y=ax+b$ 的图象与 x 轴交于点（2，0），∴关于 x 的方程 $ax+b=0$ 的解是 $x=2$．

五、一次函数与一元一次不等式

1. 定义

任何一个以 x 为未知数的一元一次不等式都可以变形为 $ax+b>0$ 或 $ax+b<0(a\neq 0)$ 的形式，所以解一元一次不等式相当于在某个一次函数 $y=ax+b$ 的值大于 0 或小于 0 时，求自变量 x 的取值范围。

2. 图象表示

确定直线 $y=ax+b(a\neq 0)$ 在 x 轴上方部分（或下方部分）的点的横坐标满足的条件。

例题

（2018 湖北十堰中考 15 题 3 分）如图，直线 $y=kx+b$ 交 x 轴于点 A，交 y 轴于点 B，则不等式 $x(kx+b)<0$ 的解集为 _____。

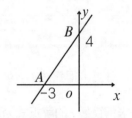

答案

$-3<x<0$ 不等式 $x(kx+b)<0$ 化为 $\begin{cases}x>0,\\kx+b<0,\end{cases}$ 或 $\begin{cases}x<0,\\kx+b>0,\end{cases}$

利用函数图象得 $\begin{cases}x>0,\\kx+b<0\end{cases}$ 无解，$\begin{cases}x<0,\\kx+b>0\end{cases}$ 的解集为 $-3<x<0$，

所以不等式 $x(kx+b)<0$ 的解集为 $-3<x<0$。

六、一次函数与二元一次方程（组）

1. 定义

一般地，由含有未知数 x 和 y 的两个二元一次方程组成的每个二元一次方程组，都对应两个一次函数，于是也对应两条直线。

2. 从"数"的角度来看：

解这样的方程组相当于求自变量为何值时相应的两个函数值相等，以及这个函数值是多少。

3. 从"形"的角度来看：

解这样的方程组相当于确定两条相应直线交点的坐标。因此，我们可以用画一次函数图象的方法得到方程组的解。

（2017 陕西中考 7 题 3 分）如图，已知直线 l_1: $y=-2x+4$ 与直线 l_2: $y=kx+b(k \neq 0)$ 在第一象限交于点 M，若直线 l_2 与 x 轴的交点为 $A(-2,0)$，则 k 的取值范围为（　　）

A. $-2 < k < 2$ 　　　　 B. $-2 < k < 0$

C. $0 < k < 4$ 　　　　 D. $0 < k < 2$

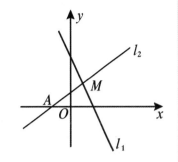

答案

D 将点 $A(-2,0)$ 代入 l_2:$y=kx+b(k \neq 0)$，可得 $b=2k$，即 l_2:$y=kx+2k(k \neq 0)$. 已知直线 l_2:$y=-2x+4$ 与直线 l_2:$y=kx+b(k \neq 0)$ 在第一象限交于点 M，说明联立直线 l_1 的方程与直线 l_2 的方程所得的方程组的解中 $x > 0$，$y > 0$. 解方程组 $\begin{cases} y=-2x+4 \\ y=kx+2k, \end{cases}$ 得 $\begin{cases} x=\frac{4-2k}{k+2}, \\ y=\frac{8k}{k+2}。 \end{cases}$ 由 $x > 0$，$y > 0$ 得 $0 < k < 2$. 故选 D。

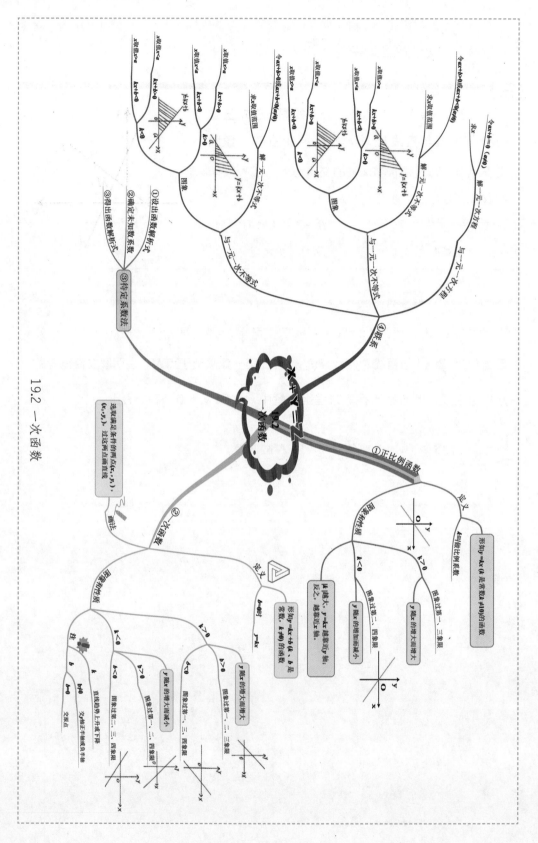

19.2 一次函数

19.3 选择方案

一、步骤：

1.分析实际问题：建立函数模型；

2.列出不等式或方程；

3.求出自变量变化对应的函数值的大小关系；

4.结合实际问题，选择最佳方案。

二、思想：

1.**转化的思想**：首先比较函数值的大小，然后进行转化，解方程，求出不等式的解；

2.**数形结合思想**：数与形结合起来，分析研究问题。

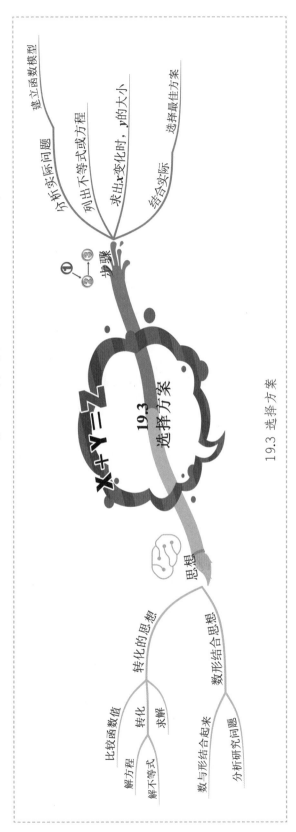

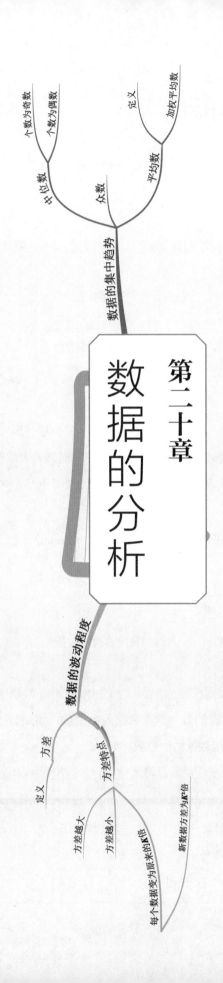

第二十章

数据的分析

数据的集中趋势

中位数
- 个数为奇数
- 个数为偶数

众数
- 定义

平均数
- 加权平均数

数据的波动程度

方差
- 定义

方差特点
- 方差越大
- 方差越小
- 每个数据变为原来的K倍
- 新数据方差为K²倍

20.1 数据的集中趋势

一、平均数

1. 定义：

把一组数据的总和除以这组数据的个数所得的商叫做这组数据的平均数。

2. 数字表示：

若有 n 个数 x_1，$x_2\cdots\cdots x_n$，则这 n 个数的平均数为 $\bar{x} = \dfrac{x_1+x_2+\cdots+x_n}{n}$。

二、加权平均数

1. 定义 1：

若 n 个数据中，x_1 出现 f_1 次，x_2 出现 f_2 次，$\cdots\cdots x_k$ 出现 f_k 次，那么这 n 个数据的平均数可以表示为 $x = \dfrac{k_1 f_1+k_2 f_2+\cdots+x_k f_k}{n}$，这个平均数也叫做这 k 个数的加权平均数。

其中，$f_1+f_2+\cdots+f_k = n$，f_1、f_2、$\cdots f_k$ 分别叫做 x_1、$x_2\cdots x_k$ 的权。

2. 定义 2：

若 n 个数 x_1，x_2，$\cdots\cdots x_n$ 的权分别是 w_1，w_2，$\cdots\cdots w_n$，则 $\dfrac{x_1 w_1+x_2 w_x+\cdots+x_n w_n}{n}$ 叫做这 n 个数的加权平均数。

三、中位数和众数

1. 中位数： 将一组数据按照由小到大（或由大到小）的顺序排列，如果数据的个数是奇数，则称处于中间位置的数为这组数据的中位数；如果数据的个数是偶数，则称中间两个数据的平均数为这组数据的中位数。

2. 众数： 一组数据中出现次数最多的数据称为这组数据的众数。

例题

（2017 广西桂林中考 8 题 3 分）一组数据：5，7，10，5，7，5，6，则这组数据的众数和中位数分别是（　　）

　　A. 10 和 7　　　　　B. 5 和 7　　　　　C. 6 和 7　　　　　D. 5 和 6

D 根据众数的定义，这组数据的众数为5。根据中位数的定义，这组数据排序后为5，5，5，6，7，7，10，故中位数是6。故选D。

3.平均数、中位数和众数的区别与联系

	联系	区别
平均数		计算要用到所有的数据，它能够充分利用所有数据提供的信息，但受极端值的影响较大
中位数	都可以反映一组数据的集中趋势	与数据的排列位置有关，某些数据的移动对其没有影响，它不一定出现在所给的数据中。当一组数据中的个别数据变动较大时，可以用它来描述其集中趋势
众数		它是当一组数据中某些数据重复出现较多时，人们往往关心的一个数。它不受极端值影响

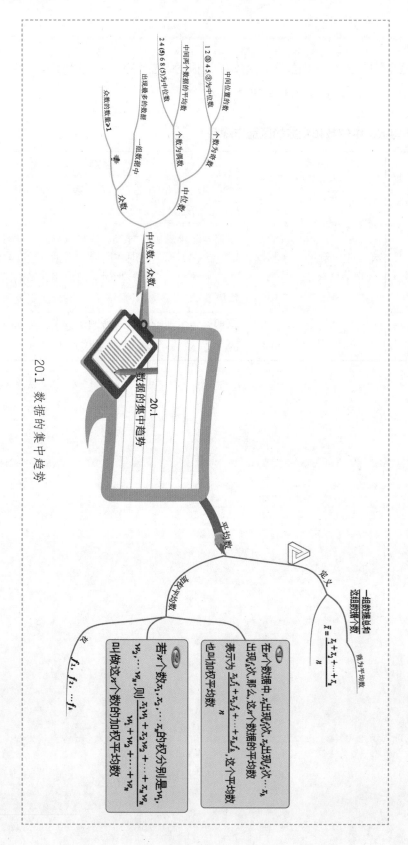

20.2 数据的波动程度

一、方差

在一组数据 x_1，x_2，……x_n 中，各数据与它们的平均数的差的平方的平均数，即：

$\frac{1}{n}[(x_1-\bar{x})^2+(x_2-\bar{x})^2+\cdots(x_n-\bar{x})^2]$。

我们用这些值的平均数来衡量这组数据波动的大小，并把它叫做这组数据的方差，记作 s^2。

二、方差的特点

1. 方差越大，数据波动越大，分布越不集中，不稳定；

2. 方差越小，数据波动越小，分布越集中，越稳定；

3. 若每个数据变为原来的 k 倍，则新数据方差变为原数据方差的 k^2 倍。

例题

（2018 山东烟台中考 5 题 3 分）甲、乙、丙、丁 4 支仪仗队队员身高的平均数及方差如下表所示：

	甲	乙	丙	丁
平均数 (cm)	177	178	178	179
方差	0.9	1.6	1.1	0.6

哪支仪仗队的身高更为整齐？

A. 甲　　　　B. 乙　　　　C. 丙　　　　D. 丁

答案

D　根据方差特点，即：方差越小，数据波动越小，越稳定；方差越大，数据波动越大，越不稳定。本题丁仪仗队队员的方差最小，为 0.6，数据波动最小，即身高更为整齐。故选 D。

20.2 数据的波动程度

20.2 数据的波动程度

方差特点

衡量一组数据波动大小

数据波动越大 —— 方差越大

分布不集中不稳定

数据波动越小 —— 方差越小

分布集中稳定

新数据方差为k²倍

每个数据为原来的k倍

方差

在一组数据 x_1，x_2，$\ldots x_n$ 中，各数据与它们平均数的差的平方的平均数

$$S^2 = \frac{1}{n}\left[(x_1-\bar{x})^2 + (x_2-\bar{x})^2 + \cdots + (x_n-\bar{x})^2\right]$$

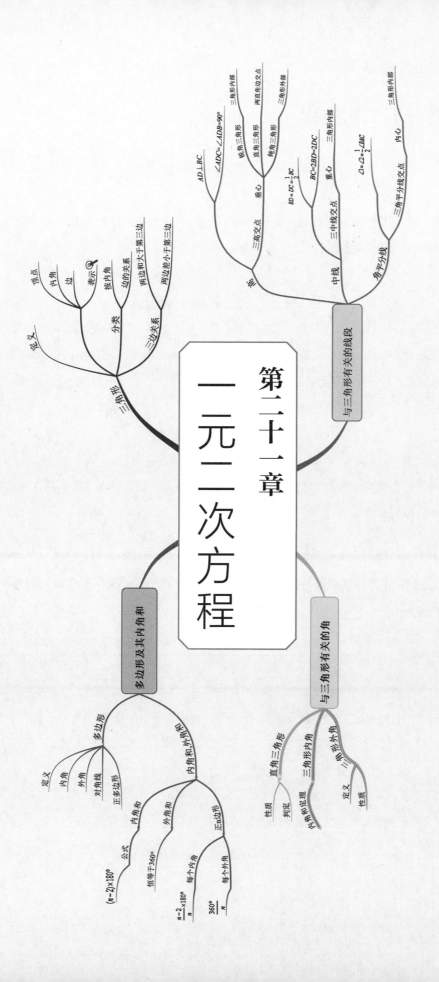

第二十一章

一元二次方程

三角形

定义

分类
- 按内角
- 按边
  - 边的关系
    - 两边和大于第三边
    - 两边差小于第三边

分类
- 顶点
- 内角
- 边
- 表示⊙

三边关系

与三角形有关的线段

高
- 三高交点
  - $AD \perp BC$
  - $\angle ADC = \angle ADB = 90°$
  - 垂心
    - 锐角三角形 — 三角形内部
    - 直角三角形 — 两直角边交点
    - 钝角三角形 — 三角形外部

中线
- 三中线交点
  - $BD = DC = \frac{1}{2}BC$
  - $BC = 2BD = 2DC$
  - 重心 — 三角形内部

角平分线
- 三角平分线交点
  - $\angle 1 = \angle 2 = \frac{1}{2}\angle BC$
  - 内心 — 三角形内部

多边形及其内角和

多边形
- 定义
- 内角
- 外角
- 对角线
- 正多边形

正n边形

内角和,外角和
- 内角和
  - 公式
    - $(n-2) \times 180°$
- 外角和
  - 恒等于 $360°$
- 每个内角
  - $\frac{n-2}{n} \times 180°$
- 每个外角
  - $\frac{360°}{n}$

与三角形有关的角

直角三角形
- 性质
- 判定

三角形内角
- 内角和定理

三角形外角
- 定义
- 性质

21.1 一元二次方程

一、一元二次方程的定义

等号两边都是整式，只含有一个未知数（一元），并且未知数的最高次数是 2（二次）的方程，叫做一元二次方程。

二、一元二次方程的一般形式

一元二次方程的一般形式是 $ax^2+bx+c=0(a \neq 0)$。其中 ax^2 是二次项，a 是二次项系数；bx 是一次项，b 是一次项系数；c 是常数项。

三、一元二次方程的根

使一元二次方程左右两边相等的未知数的值就是这个一元二次方程的解，也是这个一元二次方程的根。

 例题

（2018 江苏盐城中考 8 题 3 分）已知一元二次方程 $x^2+kx-3=0$ 有一根为 1，则 k 的值为（　　）

A. -2　　　　B. 2　　　　C. -4　　　　D. 4

 答案

B　把 $x=1$ 代入一元二次方程，得 $1^2+k-3=0$，解得 $k=2$。故选 B。

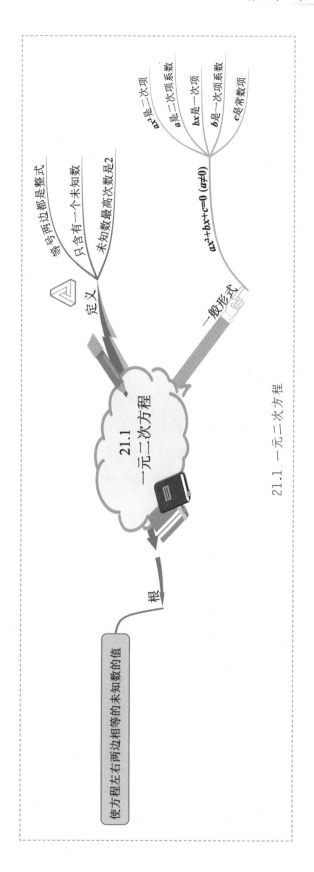

21.1 一元二次方程

21.2 解一元二次方程

一、基本思路

通过降次把一元二次方程转化为一元一次方程，进而求解。

二、方法

1. 直接开平方法

（1）定义：

利用平方根的定义，通过直接开平方求一元二次方程的解的方法叫做直接开平方法。

（2）根的情况

一般地，对于方程 $x^2=p$，

①当 $p > 0$ 时，方程有两个不等的实数根，$x_1=-\sqrt{p}$，$x_2=\sqrt{p}$；

②当 $p=0$ 时，方程有两个相等的实数根 $x_1=x_2=0$；

(3) 当 $p < 0$ 时，因为对于任意实数 x，都有 $x^2 \geq 0$，所以方程无实数根。

2. 配方法

（1）定义：

通过配成完全平方的形式来解一元二次方程的方法，叫做配方法。

（2）用配方法解一元二次方程的一般步骤：

①化二次项系数为1；

②移项：使方程左边为二次项和一次项，右边为常数项；

③配方：方程两边都加上一次项系数一半的平方，原方程变为 $(x+n)^2=p$ 的形式；

④直接开平方：如果右边是非负数，用直接开平方法求出方程的解。

3. 公式法

（1）定义：

解一元二次方程时，可以先将方程化为一般形式 $ax^2+bx+c=0(a \neq 0)$，当 $b^2-4ac \geq 0$ 时，方程 $ax^2+bx+c=0(a \neq 0)$ 的实数根可写为 $x=\dfrac{-b \pm \sqrt{b^2-4ac}}{3a}$ 的形式，这个式子叫做一元二次方程 $ax^2+bx+c=0(a \neq 0)$ 的求根公式。

由求根公式可知，一元二次方程最多有两个实数根。

（2）根的个数与根的判别式的关系

一般地，式子 b^2-4ac 叫做方程 $ax^2+bx+c=0(a\neq0)$ 根的判别式。通常用希腊字母 $\triangle$ 表示，即 $\triangle=b^2-4ac$。

①当 $\triangle=b^2-4ac>0$ 时，一元二次方程 $ax^2+bx+c=0(a\neq0)$ 有两个不相等的实数根，即：

$x=\dfrac{-b\pm\sqrt{b^2-4ac}}{2a}$；

②当 $\triangle=b^2-4ac=0$ 时，一元二次方程 $ax^2+bx+c=0(a\neq0)$ 有两个相等的实数根，即

$x_1=x_2=-\dfrac{b}{2a}$；

③当 $\triangle=b^2-4ac<0$ 时，一元二次方程 $ax^2+bx+c=0(a\neq0)$ 无实数根。

（3）一般步骤：

①将一元二次方程化为一般形式，确定公式中 a,b,c 的值；

②计算 b^2-4ac 的值；

③当 $b^2-4ac>0$ 时，将 a，b，c 的值及 b^2-4ac 的值代入求根公式即可；当 $b^2-4ac<0$ 时，方程无实数根。

4.因式分解法

（1）定义

将一元二次方程先因式分解，使方程化为两个一次式的乘积等于 0 的形式，再使这两个一次式分别等于 0，从而实现降次，这种解一元二次方程的方法叫做因式分解法。

（2）字母表示

若 $ax^2+bx+c=a(x-m)(x-n)=0(a\neq0)$，则其根为 $x_1=m$，$x_2=n$。

（3）一般步骤：

①移项：将方程的右边化为 0；

②化积：将方程的左边分解为两个一次因式的乘积；

③转化：令每个一次因式分别为零，得到两个一元一次方程；

④求解：解这两个一元一次方程，它们的解就是原方程的解。

 例题

（2018 四川巴中中考 22 题 5 分）解方程：$3x(x-2)=x-2$.

解法一：因式分解法

移项得 $3x(x-2)-(x-2)=0$，

整理得 $(x-2)(3x-1)=0$，

∴ $x-2=0$ 或 $3x-1=0$，

解得 $x_1=2$，$x_2=\dfrac{1}{2}$.

解法二：公式法

原方程可化为 $3x^2-7x+2=0$，

这里 $a=3$，$b=-7$，$c=2$.

∵ $b^2-4ac=(-7)^2-4\times3\times2=25>0$，

∴ $X=\dfrac{7\pm\sqrt{25}}{2\times3}=\dfrac{7\pm5}{6}$.

因此原方程的解为 $x_1=2$，$x_2=\dfrac{1}{2}$.

解法三：配方法

原方程可化为 $3x^2-7x+2=0$，即 $x^2-\dfrac{7}{2}x=-\dfrac{2}{3}$，

配方得 $x^2-\dfrac{7}{3}+\left(-\dfrac{7}{6}\right)^2=-\dfrac{2}{3}+\left(-\dfrac{7}{6}\right)^2$，即 $\left(x-\dfrac{7}{6}\right)^2=\dfrac{25}{26}$，

开方得 $x-\dfrac{7}{6}=\pm\dfrac{5}{6}$，

因此原方程的解为 $x_1=2$，$x_2=\dfrac{1}{2}$.

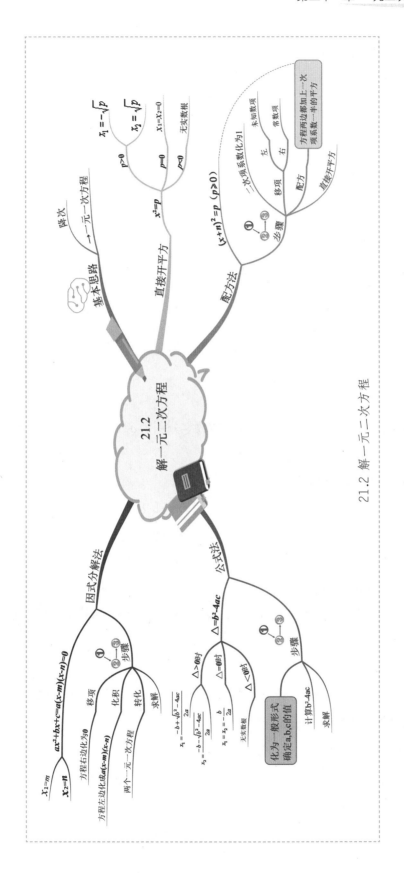

21.2 解一元二次方程

21.3 实际问题与一元二次方程

一、一般步骤

1. **审**：审题；

2. **设**：设未知数；

3. **列**：找等量关系列方程；

4. **解**：解方程；

5. **验**：检验在实际问题中是否有意义；

6. **答**：写出答案。

二、实际问题中常见类型

1. 数字问题

若一个三位数百位、十位、个位上的数字分别为 a、b、c，则这个三位数表示为 $100a+10b+c$。

2. 平均增长（降低）率问题

设：a 为起始量，b 为终止量，n 为增长（降低）的次数。

（1）平均增长率 x 满足 $b=a(1+x)^n$（x 为平均增长率）；

（2）平均降低率 x 满足 $b=a(1-x)^n$（x 为平均降低率）。

3. 面积（体积）问题

将不规则图形分隔或组成规则图形，找出未知量与已知量的内在联系，根据面积或体积公式列出一元二次方程。

4. 传染问题

第二轮被传染后的总数＝传染源数 + 第一轮被传染数 + 第二轮被传染数

5. 销售利润问题

利润 = 售价 − 进价

利润率 = $\dfrac{利润}{进价} \times 100\%$

售价 = 进价 × (1+ 利润率)

总利润 = 总售价 − 总成本 = 单个利润 × 总销售量

例题

（2017安徽中考8题3分）一种药品原价每盒25元，经过两次降价后是16元，设两次降价的百分率都为x，则x满足（　　　）

　　A.16（1+2x）=25　　　　B.25（1−2x）=16

　　C. 16（1+2x）²=25　　　D.25（1−x）²=16

答案

D　因为一种药品原价每盒25元，两次降价的百分率都为x，所以第一次降价后的价格用代数式表示为25（1−x）元，第二次降价后的价格用代数式表示为25（1−x）（1−x）=25（1−x）²元，由题意可得：25（1−x）²=16，故选D。

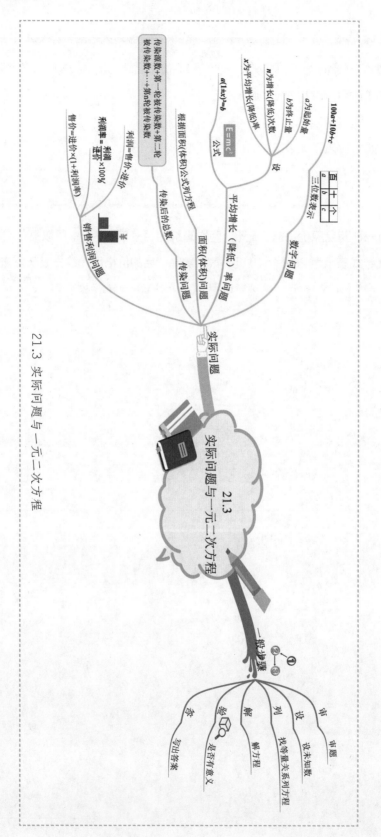

210

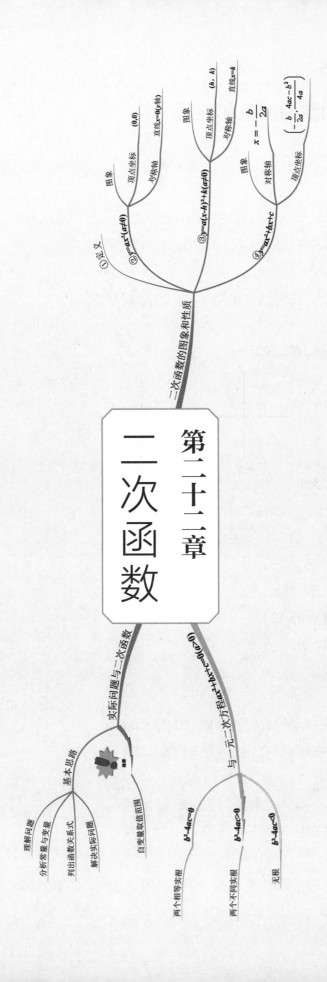

第二十二章 二次函数

二次函数的图象和性质

- ①定义
- ②$y=ax^2(a\neq0)$
  - 图象
  - 顶点坐标　(0,0)
  - 对称轴　直线$x=0$(y轴)
- ③$y=a(x-h)^2+k(a\neq0)$
  - 图象
  - 顶点坐标　$(h,\ k)$
  - 对称轴　直线$x=h$
- ④$y=ax^2+bx+c$
  - 图象
  - 对称轴　$x=-\dfrac{b}{2a}$
  - 顶点坐标　$\left(-\dfrac{b}{2a},\ \dfrac{4ac-b^2}{4a}\right)$

实际问题与二次函数

- 基本思路
  - 理解问题
  - 分析常量与变量
  - 列出函数关系式
  - 解决实际问题
  - 自变量取值范围

与一元二次方程$ax^2+bx+c=0(a\neq0)$

- $b^2-4ac>0$　两个不相等实根
- $b^2-4ac=0$　两个相等实根
- $b^2-4ac<0$　无根

22.1 二次函数的图象和性质

一、二次函数

一般地，形如$y=ax^2+bx+c(a,b,c$是常数,$a\neq0)$的函数,叫做二次函数。其中,x是自变量,a,b,c分别是函数解析式的二次项系数、一次项系数和常数项。

二、二次函数$y=ax^2$的图象与性质

函数$y=ax^2(a\neq0)$，其图象如下：

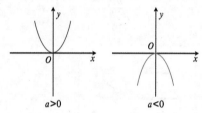

1. 开口方向及其大小

（1）当$a>0$时，开口向上，并向上无限延伸；

（2）当$a<0$时，开口向下，并向下无限延伸；

（3）$|a|$越大，开口越小；

（4）$|a|$越小，开口越大。

2. 对称轴：直线$x=0(y$轴$)$。

3. 顶点坐标：$(0，0)$。

4. 增减性

（1）$a>0$

当$x>0$时，即在对称轴的右侧，y随x的增大而增大；

当$x<0$时，即在对称轴的左侧，y随x的增大而减小。

（2）$a<0$

当$x>0$时，即在对称轴的右侧，y随x的增大而减小；

当$x<0$时，即在对称轴的左侧，y随x的增大而增大。

5. 最值

（1）$a>0$时，二次函数有最小值，即当$x=0$时，$y_{min}=0$，此时最低点为顶点$(0,0)$；

（2）$a < 0$ 时，二次函数有最大值，即当 $x=0$ 时，$y_{mak}=0$，此时最高点为顶点 $(0,0)$。

三、二次函数 $y=a(x-h)^2+k$ 的图象与性质

函数 $y=a(x-h)^2+k(a \neq 0)$，其图象如下：

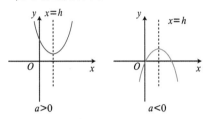

1. 开口方向及其大小

（1）当 $a > 0$ 时，开口向上，并向上无限延伸；

（2）当 $a < 0$ 时，开口向下，并向下无限延伸；

（3）$|a|$ 越大，开口越小；

（4）$|a|$ 越小，开口越大。

2. 对称轴：直线 $x=h$。

3. 顶点坐标：$(h，k)$。

4. 增减性

（1）$a > 0$

当 $x > h$ 时，即在对称轴的右侧，y 随 x 的增大而增大；

当 $x < h$ 时，即在对称轴的左侧，y 随 x 的增大而减小。

（2）$a < 0$

当 $x > h$ 时，即在对称轴的右侧，y 随 x 的增大而减小；

当 $x < h$ 时，即在对称轴的左侧，y 随 x 的增大而增大。

5. 最值

当 $a > 0$ 时，二次函数有最小值，即当 $x=h$ 时，$y_{min}=k$，此时最低点为顶点 $(h，k)$；

当 $a < 0$ 时，二次函数有最大值，即当 $x=h$ 时，$y_{mak}=k$，此时最高点为顶点 $(h，k)$。

例题

（2019 广西桂林模拟 4 题 3 分）抛物线 $y=3(x-2)^2+5$ 的顶点坐标是（　　）

A.（-2，5）　　　　B.（-2，-5）

C.（2，5）　　　　D.（2，-5）

C　$y=3(x-2)^2+5$ 为抛物线的顶点式，根据顶点式的坐标特点可知，顶点坐标为（2，5），故选 C。

四、二次函数 $y=ax^2+bx+c$ 的图象与性质

1. 函数 $y=ax^2+bx+c(a，b，c$ 是常数，$a≠0)$

当 $a>0$ 时，其图象如下：

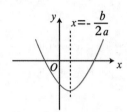

（1）开口方向：向上。

（2）对称轴：直线 $x=-\dfrac{b}{2a}$

（3）顶点坐标：$(-\dfrac{b}{2a}，\dfrac{4ac-b^2}{4a})$。

（4）增减性

①当 $x>-\dfrac{b}{2a}$ 时，y 随 x 的增大而增大；

②当 $x<-\dfrac{b}{2a}$ 时，y 随 x 的增大而减小。

（5）最值

当 $x=-\dfrac{b}{2a}$ 时，y 有最小值，$y_{\min}=\dfrac{4ac-b^2}{4a}$。

2. 当 $a<0$ 时，其图象如下：

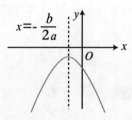

（1）开口方向：向下。

（2）对称轴：直线 $x=-\dfrac{b}{2a}$。

（3）顶点坐标：$(-\dfrac{b}{2a}，\dfrac{4ac-b^2}{4a})$。

（4）增减性

①当 $x > -\dfrac{b}{2a}$ 时，y 随 x 的增大而减小．

②当 $x < -\dfrac{b}{2a}$ 时，y 随 x 的增大而增大．

（5）最值

当 $x = -\dfrac{b}{2a}$ 时，y 有最大值，$y_{\max} = \dfrac{4ac-b^2}{4a}$。

例题

（2018 湖北恩施州中考 12 题 3 分）抛物线 $y = ax^2 + bx + c$ 的对称轴为直线 $x = -1$，部分图象如图所示，下列判断：① $abc > 0$；② $b^2 - 4ac > 0$；③ $9a - 3b + c = 0$；④若点 $(-0.5, y_1)$，$(-2, y_2)$ 均在抛物线上，则 $y_1 > y_2$；⑤ $5a - 2b + c < 0$. 其中正确的个数是（ ）

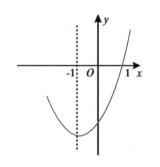

A. 2　　　 B. 3　　　 C. 4　　　 D. 5

答案

B　根据二次函数的图象与字母系数的关系可得 $a > 0$，$b > 0$，$c > 0$，$\therefore abc < 0$，①错误；$\because$ 二次函数的图象与 x 轴有两个交点，$\therefore b^2 - 4ac > 0$，②正确；$\because$ 抛物线的对称轴为直线 $x = -1$，与 x 轴的一个交点的坐标为（1,0），$\therefore$ 根据抛物线的对称性，另一个交点的坐标为（-3,0），把（-3,0）代入二次函数表达式，可得 $9a - 3b + c = 0$，③正确；点 $(-2, y_2)$ 关于对称轴对称的点的坐标为 $(0, y_2)$，$\because$ 在对称轴右侧，y 随 x 的增大而增大，$-0.5 < 0$，$\therefore y_1 < y_2$，④错误；$\because$ 抛物线的对称轴为直线 $x = -1$，$\therefore -\dfrac{b}{2a} = -1$，$\therefore b = 2a$．$\because$ 抛物线经过点（1,0），$\therefore a + b + c = 0$，$\therefore c = -3a$，$\therefore 5a - 2b + c = 5a - 4a - 3a = -2a < 0$，⑤正确．故选 B。

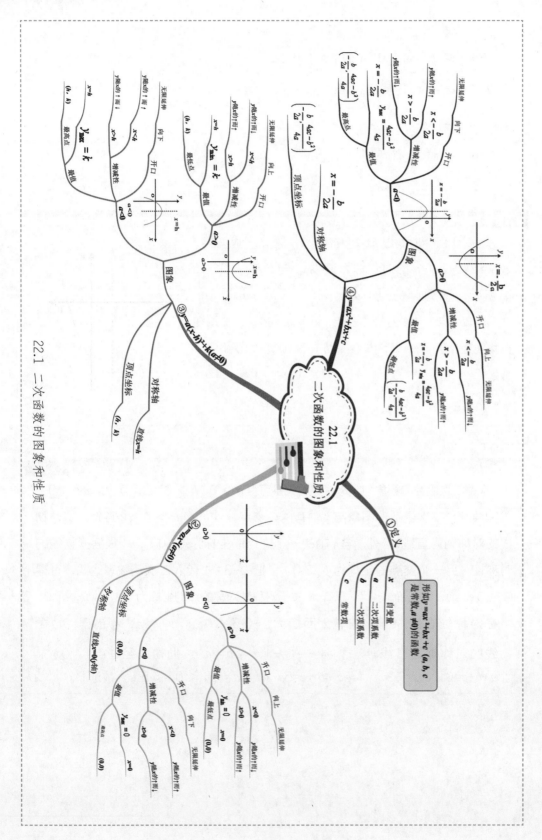

22.1 二次函数的图象和性质

22.2 二次函数与一元二次方程

一、定义

一般地，从二次函数 $y=ax^2+bx+c(a \neq 0)$ 的图象可知，如果抛物线 $y=ax^2+bx+c(a \neq 0)$ 与 x 轴有公共点，公共点的横坐标是 x_0，那么当 $x=x_0$ 时，函数值是 0。因此 $x=x_0$ 是方程 $ax^2+bx+c=0(a \neq 0)$ 的一个根。

二、二次函数 $y=ax^2+bx+c$ $(a \neq 0)$
与一元二次方程 $ax^2+bx+c=0$ $(a \neq 0)$
二者之间的内在区别和联系（以 $a > 0$ 为例）

1. $b^2-4ac > 0$ 时

（1）一元二次方程 $ax^2+bx+c=0(a > 0)$ 有两个不相等实数根，即：$x=\dfrac{-b \pm \sqrt{b^2-4ac}}{2a}$。

（2）二次函数 $y=ax^2+bx+c(a > 0)$ 的图象如下：

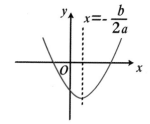

（3）抛物线与 x 轴的公共点个数：

有两个公共点 $(x_1, 0)$ 和 $(x_2, 0)$。

2. $b^2-4ac=0$ 时

（1）一元二次方程 $ax^2+bx+c=0(a > 0)$ 有两个相等实数根，即：$x_1=x_2=-\dfrac{b}{2a}$。

（2）二次函数 $y=ax^2+bx+c(a > 0)$ 的图象如下：

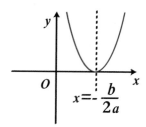

（3）抛物线与 x 轴的公共点个数：

只有一个公共点 $(-\frac{b}{2a},\ 0)$。

3. $b^2-4ac < 0$ 时

（1）一元二次方程 $ax^2+bx+c=0(a > 0)$ 没有实数根。

（2）二次函数 $y=ax^2+bx+c(a > 0)$ 的图象如下：

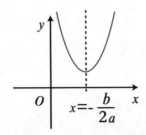

（3）抛物线与 x 轴的公共点个数：抛物线与 x 轴没有公共点。

（2019 山东潍坊中考 12 题 3 分）抛物线 $y=x^2+bx+3$ 的对称轴为直线 $x = 1$。若关于 x 的一元二次方程 $x^2+bx+3-t=0$（t 为实数），在 $-1 < x < 4$ 的范围内有实数根，则 t 的取值范围是（　　）

A. $2 \leq t < 11$　　B. $t \geq 2$　　C. $6 < t < 11$　　D. $2 \leq t < 6$

A　∵抛物线 $y=x^2+bx+3$ 的对称轴为直线 $x = 1$，

∴ $b=-2$

∴ $y=x^2-2x+3$

∴一元二次方程 $x^2+bx+3-t=0$ 的实数根是函数 $y=x^2-2x+3$ 的图象与函数 $y=t$ 的图象交点的横坐标。

∵方程在 $-1 < x < 4$ 的范围内有实数根，

当 $x=-1$ 时，$y=6$，当 $x=4$ 时，$y=11$，

函数 $y=x^2-2x+3$ 在 $x=1$ 时，有最小值 2，

∴ $2 \leq t < 11$。故选 A。

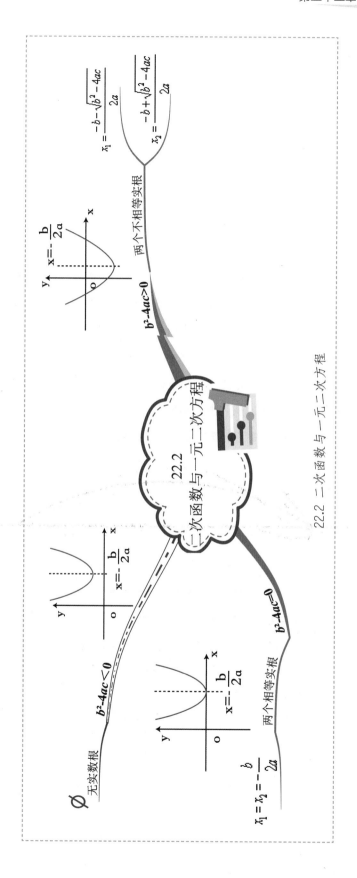

22.2 二次函数与一元二次方程

22.3 实际问题与二次函数

用二次函数解答实际问题的基本思路

1. 读懂题意，理解问题；

2. 分析问题中的变量和常量，以及它们之间的关系；

3. 列出函数关系式；

4. 运用数形结合的思想，根据函数性质去解决实际问题。

（2018山东滨州中考23题12分）如图，一小球沿与地面成一定角度的方向飞出，小球的飞行路线是一条抛物线。如果不考虑空气阻力，小球的飞行高度 y（单位：m）与飞行时间 x（单位：s）之间具有函数关系 $y=-5x^2+20x$，请根据要求解答下列问题：

（1）在飞行过程中，当小球的飞行高度为 15m 时，飞行的时间是多少？

（2）在飞行过程中，小球从飞出到落地所用时间是多少？

（3）在飞行过程中，小球飞行高度何时最大？最大高度是多少？

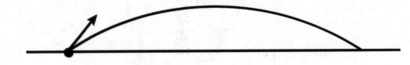

答案

（1）令 $y=15$，则 $-5x^2+20x=15$，所以 $x^2-4x+3=0$，

即 $(x-1)(x-3)=0$，故 $x=1$ 或 $x=3$，即飞行时间是 1 秒或 3 秒。

（2）令 $y=0$，则 $-5x^2+20x=0$，解得 $x=0$ 或 $x=4$，

所以小球从飞出到落地所用时间是 4 秒。

（3）当 $x=-\dfrac{b}{2a}=-\dfrac{20}{2\times(-5)}=2$ 时，小球的飞行高度最大。

此时 $y=20$。

故在飞行过程中，小球飞行 2 秒时高度最大，最大高度是 20m。

理解问题

分析常量与变量

列出函数关系式

数学方法求解

检验结果的合理性

基本思路

22.3
实际问题
与二次函数

自变量取值范围

22.3 实际问题与二次函数

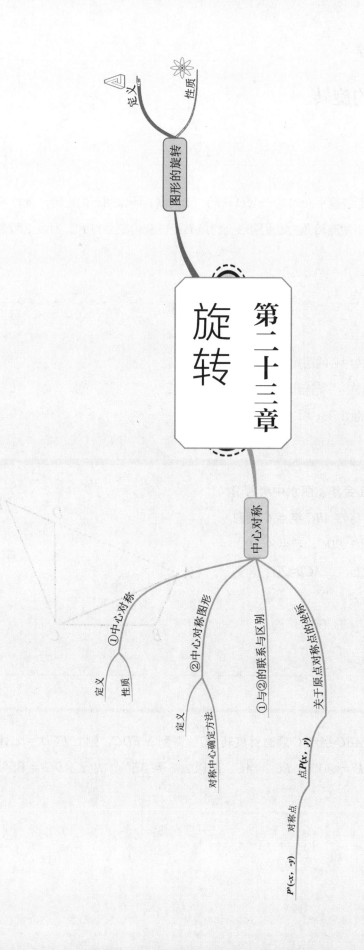

第二十三章

旋转

图形的旋转

　定义

　性质

中心对称

①中心对称

　定义

　性质

②中心对称图形

　定义

　对称中心确定方法

①与②的联系与区别

关于原点对称点的坐标

点$P(x, y)$

对称点

$P'(-x, -y)$

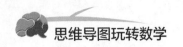
23.1 图形的旋转

一、定义

把一个平面图形绕着平面内某一点 O 转动一个角度，叫做图形的旋转，点 O 叫做旋转中心，转动的角叫做旋转角．如果图形上的点 P 经过旋转变为点 P'，那么这两个点叫做这个旋转的对应点。

二、旋转的性质

1. 对应点到旋转中心的距离相等；
2. 对应点与旋转中心所连线段的夹角等于旋转角；
3. 旋转前、后的图形全等。

（2018浙江金华、丽水中考题9题3分）如图，将△ABC绕点C顺时针旋转90°得到△EDC。若点A、D、E在同一条直线上，∠ACB=20°，则∠ADC的度数是（   ）

A. 55°   B. 60°

C. 65°   D. 70°

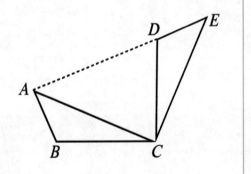

答案

C 由题意，△ABC绕点C顺时针旋转90°得到△EDC，则∠ECD = ∠ACB = 20°，∠ACE = 90°，$EC = AC$，所以∠E = 45°，故∠ADC = 65°，故选C。

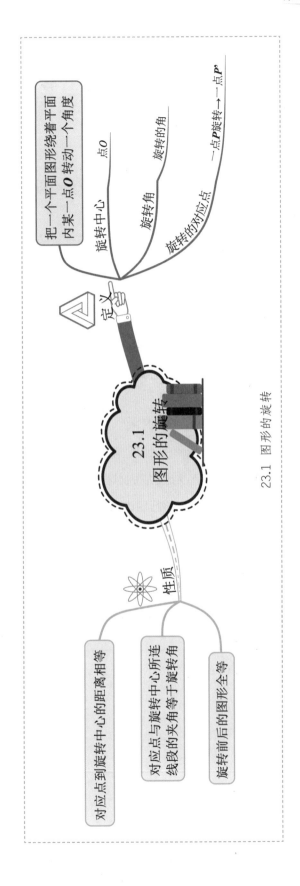

把一个平面图形绕着平面内某一点 O 转动一个角度

旋转中心 —— 点 O

旋转角 —— 旋转的角

旋转的对应点 —— 一点 P 旋转 → 点 P'

定义

23.1 图形的旋转

性质

对应点到旋转中心的距离相等

对应点与旋转中心所连线段的夹角等于旋转角

旋转前后的图形全等

23.1 图形的旋转

23.2 中心对称

一、中心对称

1. 定义：

把一个图形绕着某一点旋转 180°，如果它能够与另一个图形重合，那么就说这两个图形关于这个点对称或中心对称，这个点叫做对称中心。

这两个图形在旋转后能重合的对应点叫做关于对称中心的对称点。

2. 中心对称的性质

（1）中心对称的两个图形，对称点所连线段都经过对称中心，而且被对称中心所平分；

（2）中心对称的两个图形是全等图形。

二、中心对称图形

1. 定义：

把一个图形绕着某一个点旋转 180°，如果旋转后的图形能够与原来的图形重合，那么这个图形叫做中心对称图形，这个点就是它的对称中心。

2. 最常见的中心对称图形：线段和平行四边形。

（1）线段的对称中心是它的中点；

（2）平行四边形的对称中心是它两条对角线的交点。

三、中心对称与中心对称图形的区别与联系

	区别	联系
中心对称	是针对两个图形而言的，是指两个图形的位置关系	都是通过图形旋转 180° 重合来定义的；两者可以相互转化
中心对称图形	是针对一个图形而言的，是指具有某种性质的一个图形	

四、关于原点对称的点的坐标

两个点关于原点对称时，它们的坐标符号相反，即点 $P(x,y)$ 关于原点的对称点为 $P'(-x,-y)$。

例题

（2017 陕西中考 10 题 3 分）已知抛物线 $y=x^2-2mx-4$（$m>0$）的顶点 M 关于坐标原点 O 的对称点为 M'，若点 M' 在这条抛物线上，则点 M 的坐标为（ ）

A.（1,-5） B.（3,-13） C.（2,-8） D.（4,-20）

答案

C ∵ 抛物线 $y=x^2-2mx-4=(x-m)^2-m^2-4$，∴ 顶点 M 的坐标为 $(m,-m^2-4)$，∵ M 与 M' 关于原点 O 对称，∴ M' 的坐标为 $(-m,m^2+4)$。∵ M' 在抛物线上，∴ $m^2+4=m^2-2m(-m)-4$，解得 $m=\pm2$。∵ $m>0$，∴ $m=2$，∴ $-m^2-4=-8$，∴ 点 M 的坐标为 $(2,-8)$，故选 C。

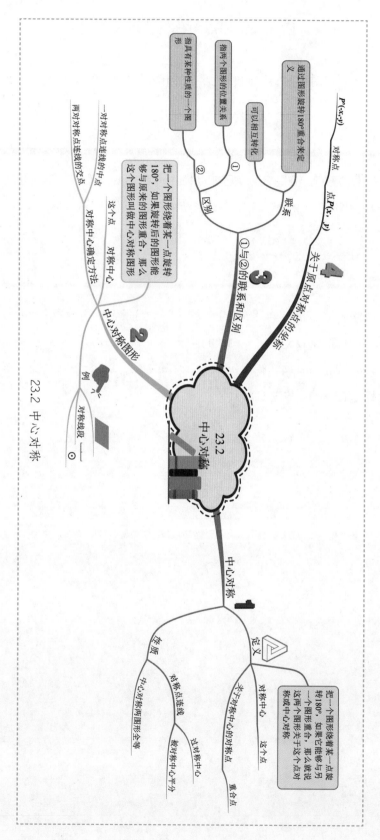

23.2 中心对称

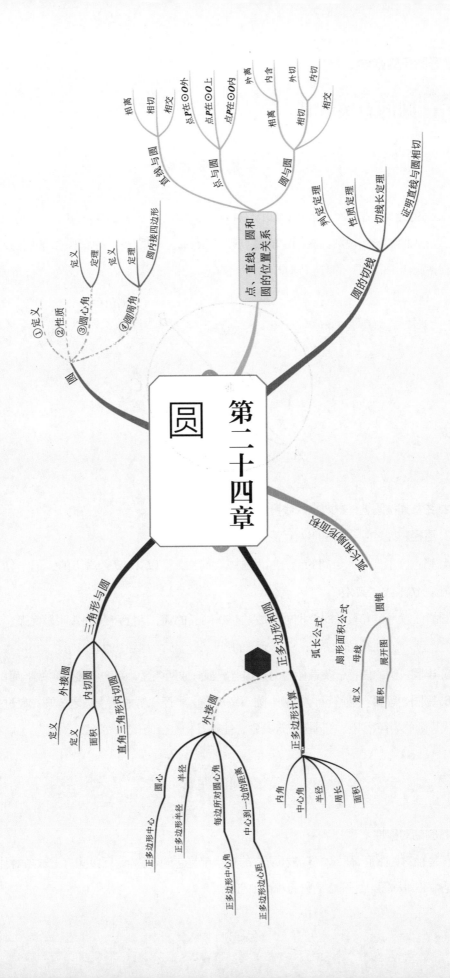

24.1 圆的有关性质

一、相关概念

1. 圆的定义：在一个平面内，线段 OA 绕它固定的一个端点 O 旋转一周，另一个端点 A 所形成的图形叫做圆。其固定的端点 O 叫做圆心，线段 OA 叫做半径，以点 O 为圆心的圆，记作"$\odot O$"，读作"圆 O"。

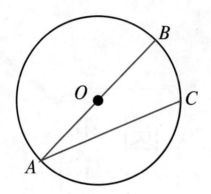

2. 弦：连接圆上任意两点的线段叫做弦。

3. 直径：经过圆心的弦叫做直径。

4. 弧：圆上任意两点间的部分叫做圆弧，简称弧。以 A、B 为端点的弧记作 $\overparen{AB}$，读作"圆弧 AB"或"弧 AB"。

圆的任意一条非直径的弦把圆分成两条不同长的弧，大于半圆的弧叫做优弧，一般用三个点表示，如图中的 $\overparen{ABC}$；小于半圆的弧叫做劣弧，如图中的 $\overparen{AC}$，$\overparen{BC}$。

5. 半圆：圆的任意一条直径的两个端点把圆分成两条弧，每一条弧都叫做半圆。

6. 等圆、等弧：能够重合的两个圆叫做等圆。半径相等的两个圆是等圆；反过来，同圆或等圆的半径相等。在同圆或等圆中，能够互相重合的弧叫做等弧。

二、圆的性质

1. 圆的对称性

圆是轴对称图形，任何一条直径所在的直线都是它的对称轴。所以圆有无数条对称轴。圆也是中心对称图形，圆心是它的对称中心。

2. 垂径定理：垂直于弦的直径平分弦，并且平分弦所对的两条弧。

推论：平分弦（不是直径）的直径垂直于弦，并且平分弦所对的两条弧。

 例题

（2018 山东威海中考 10 题 3 分）如图，⊙O 的半径为 5，AB 为弦，点 C 为 $\overset{\frown}{AB}$ 的中点，若 $\angle ABC = 30°$，则弦 AB 的长为（　　）

A. $\frac{1}{2}$　　　　B. 5　　　　C. $\frac{5\sqrt{3}}{2}$　　　　D. $5\sqrt{3}$

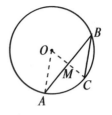

答案

D　如图，连接 OA、OC，OC 交 AB 于点 M。根据垂径定理的推论，OC 垂直平分 AB，因为 $\angle ABC = 30°$，所以 $\angle AOC = 60°$，在 Rt $\triangle AOM$ 中，$\sin 60° = \frac{AM}{OA}$ $= \frac{AM}{5} = \frac{\sqrt{3}}{2}$，故 $AM = \frac{5\sqrt{3}}{2}$，即 $AB = 5\sqrt{3}$，故选 D。

三、弧、弦、圆心角

1. 圆心角：顶点在圆心的角叫做圆心角。

2. 圆心角定理

在同圆或等圆中，相等的圆心角所对的弧相等，所对的弦也相等。

还可以得到：

（1）如果两条弧相等，那么它们所对的圆心角相等，所对的弦相等。

（2）如果两条弦相等，那么它们所对的圆心角相等，所对的优弧和劣弧分别相等。

四、圆周角

1. 定义：顶点在圆上，并且两边都与圆相交的角叫做圆周角。

2. 圆周角定理：一条弧所对的圆周角等于它所对的圆心角的一半。

推论：

（1）同弧或等弧所对圆周角相等；

（2）半圆（或直径）所对的圆周角是直角，90°的圆周角所对的弦是直径；

（3）圆内接四边形的性质：圆内接四边形的对角互补。

例题

（2019黑龙江龙东中考6题3分）如图，在$\odot O$中，半径OA垂直于弦BC，点D在圆上且$\angle ADC = 30°$，则$\angle AOB$的度数为_____。

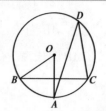

答案

60°　∵ $OA \perp BC$，∴ $\overset{\frown}{AB} = \overset{\frown}{AC}$，∴ $\angle AOB = 2\angle ADC$。∵ $\angle ADC = 30°$，∴ $\angle AOB = 60°$。

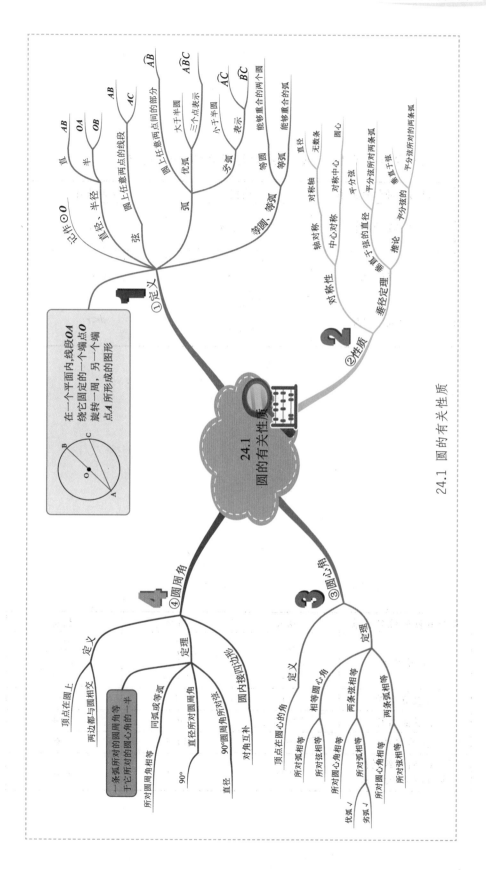

24.1 圆的有关性质

24.2 点和圆、直线和圆的位置关系

一、点和圆的位置关系

设⊙O的半径为r，点P到圆心的距离$OP=d$，则有：

点与圆的位置关系	图例	等价条件
点P在⊙O外		$d>r$
点P在⊙O上		$d=r$
点P在⊙O内		$d<r$

二、直线和圆的位置关系

1.**相交**：直线和圆有两个公共点，这时我们说这条直线和圆相交，这条直线叫做圆的割线。

2.**相切**：直线和圆只有一个公共点，这时我们说这条直线和圆相切，这条直线叫做圆的切线，这个点叫做切点。

3.**相离**：直线和圆没有公共点，这时我们说这条直线和圆相离。

4.**直线和圆的位置关系**

直线和圆的位置关系	相离	相切	相交
图形演示			
公共点个数	0	1	2
公共点名称		切点	交点
直线名称		切线	割线
圆心O到直线的距离d与半径的关系	$d>r$	$d=r$	$d<r$

三、圆和圆的位置关系

设两圆的半径分别为 r_1 和 r_2（$r_1 < r_2$），圆心距为 d。

关系		概念	圆形	公共点个数
相离	外离	两个圆没有公共点，并且一个圆上的点都在另一个圆的外部时，叫做这两个圆外离	$d>r_1+r_2 \Leftrightarrow$ 外离	无
	内含（同心圆（含））	两个圆没有公共点，并且一个圆上的点都在另一个圆的内部时，叫做这两个圆内含；两个圆的圆心重合时，我们称这两个圆是同心圆	$d<r_2-r_1 \Leftrightarrow$ 内含 $d=0 \Leftrightarrow$ 同心圆	
相切	外切	两个圆有唯一公共点，并且除这个公共点以外，一个圆上的点都在另一个圆的外部时，叫做这两个圆外切，这个唯一的公共点叫做切点	$d=r_1+r_2 \Leftrightarrow$ 外切	1
	内切	两个圆有唯一公共点，并且除这个公共点以外，一个圆上的点都在另一个圆的内部时，叫做这两个圆内切，这个唯一的公共点叫做切点	$d=r_2-r_1 \Leftrightarrow$ 内切	
相交		两个圆有两个公共点时，叫做两圆相交	$r_2-r_1<d<r_1+r_2 \Leftrightarrow$ 相交	2

四、圆的切线

1. **判定定理**：经过半径的外端并且垂直于这条半径的直线是圆的切线。

2. **性质定理**：圆的切线垂直于过切点的半径。

例题

（2018黑龙江哈尔滨中考5题3分）如图，点 P 为 $\odot O$ 外一点，PA 为 $\odot O$ 的切线，A 为切点，PO 交 $\odot O$ 于点 B，$\angle P = 30°$，$OB = 3$，则线段 BP 的长为（　）。

A. 3　　　B. $3\sqrt{3}$　　　C. 6　　　D. 9

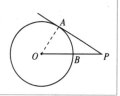

答案

A　连接 OA，利用切线性质可知 $\angle OAP = 90°$，又 $\angle P = 30°$，$OA=OB=3$，则 $OP=6$，则 $BP = 3$。

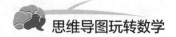
3. 切线长定理：从圆外一点可以引圆的两条切线，两条切线长相等，这一点和圆心的连线平分两条切线的夹角。如图，PA、PB 是 $\odot O$ 的两条切线，切点分别为 A、B，则 $PA=PB$，$\angle OPA = \angle OPB$。

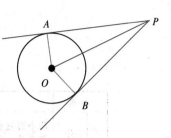

 例题

（2019 台湾中考 19 题 3 分）如图，直角三角形 ABC 的内切圆分别与 AB、BC 相切于点 D、点 E，根据图中标示的长度与角度，则 AD 的长度为（ ）

A. $\dfrac{3}{2}$ B. $\dfrac{5}{2}$ C. $\dfrac{4}{3}$ D. $\dfrac{5}{3}$

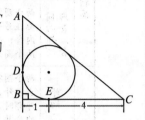

 答案

D 设 $AD=x$，AC 与圆相切于点 F，$\because$ 直角三角形 ABC 的内切圆分别与 AB、BC 相切于点 D、点 E，$\therefore BD=BE=1$，$CF=CE=4$，$AF=AD=x$，$\therefore AB=x+1$，$AC=x+4$。在 Rt$\triangle ABC$ 中，$(x+1)^2+5^2=(x+4)^2$，解得 $x=\dfrac{5}{3}$，故选 D。

4. 证明直线与圆相切

（1）证直线和圆有唯一公共点；

（2）证直线过半径外端且垂直于这条半径；

（3）证圆心到直线的距离等于圆的半径。

五、三角形与圆

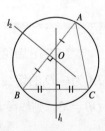

1. 三角形外接圆：经过三角形的三个顶点可以作一个圆，这个圆叫做三角形的外接圆，外接圆的圆心是三角形三条边的垂直平分线的交点，叫做这个三角形的外心。

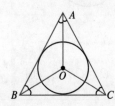

2. 三角形内切圆：与三角形各边都相切的圆叫做三角形的内切圆，内切圆的圆心是三角形三条角平分线的交点，叫做三角形的内心。三角形面积 $S=\dfrac{1}{2}(a+b+c)r$。

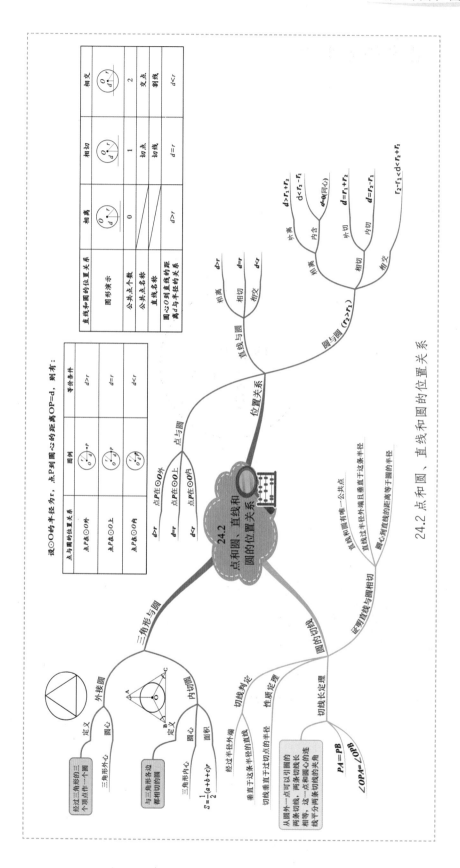

24.2 点和圆、直线和圆的位置关系

24.3 正多边形和圆

一、相关概念

1. 一个正多边形的外接圆的圆心叫做这个正多边形的中心。

2. 外接圆的半径叫做正多边形的半径。

3. 正多边形每一边所对的圆心角叫做正多边形的中心角。

4. 中心到正多边形的一边的距离叫做正多边形的边心距。

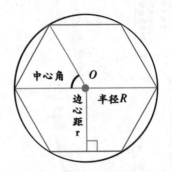

二、正多边形的计算

设正多边形的边数为 n，半径为 R，边心距为 r，边长为 a，则有：

1. 正多边形的内角：$\frac{(n-2) \times 180°}{n} = 180° - \frac{360°}{n}$。

2. 正多边形的中心角：$\frac{360°}{n}$。

3. 正多边形的半径：$R^2 = r^2 + \frac{1}{4}a^2$。

4. 正多边形的边长：$a = 2R \cdot \sin\frac{180°}{n}$。

5. 正多边形的周长：$C = n \times a$。

6. 正多边形的面积：$S = \frac{1}{2}nar = \frac{1}{2}Cr$。

例题

（2019贵州贵阳中考6题）

如图，正六边形 *ABCDEF* 内接于⊙ *O*，连接 *BD*，则∠ *CBD* 的度数是（　　）

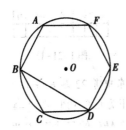

A. 30°　　B. 45°

C. 60°　　D. 90°

答案

A　在正六边形 *ABCDEF* 中，

$\angle BCD = \frac{(6-2) \times 180°}{6} = 120°$ ，

BC=CD，所以 $\angle CBD = \frac{1}{2} \times$

（180° － 120°）= 30°。故

选A。

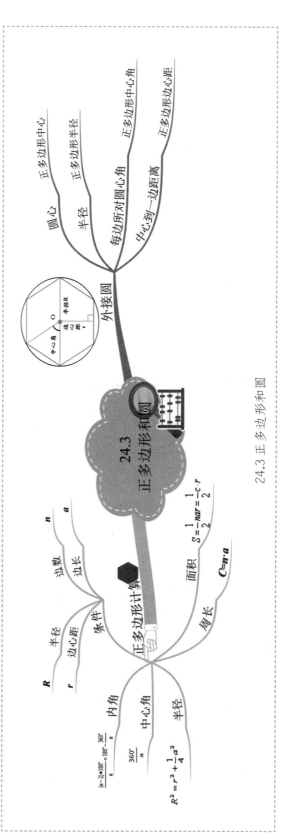

24.4 弧长和扇形面积

一、弧长公式

在半径为 R 的圆中，因为 $360°$ 的圆心角所对的弧长就是圆周长 $C=2\pi R$，所以 n 度圆心角所对的弧长为 $l=\dfrac{n\pi R}{180}$。

二、扇形面积公式

扇形的面积

在半径为 R 的圆中，因为 $360°$ 的圆心角所对的扇形的面积就是圆面积 $S=\pi R^2$，所以圆心角为 $n°$ 的扇形面积是 $S_{扇形}=\pi R^2 \times \dfrac{n}{360}=\dfrac{n\pi R^2}{360}$。

（2018 甘肃天水中考 7 题 4 分）如图，点 A、B、C 在 $\odot O$ 上，若 $\angle BAC = 45°$，$OB = 2$，则图中阴影部分的面积为（　　）

A. $\pi - 4$　　B. $\dfrac{2}{2}\pi - 1$　　C. $\pi - 2$　　D. $\dfrac{2}{3}\pi - 2$

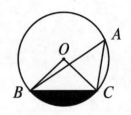

答案

C　$\angle BAC = 45°$　则 $\angle BOC = 90°$，则 $S_{扇形BOC}=\dfrac{90 \times \pi \times 2^2}{360}=\pi$，$S_{Rt\triangle BOC}=\dfrac{1}{2}BO \cdot CO=2$，则阴影部分的面积为 $S_{扇形BOC}-S_{Rt\triangle BOC}=\pi-2$。故选 C。

三、母线的定义

圆锥是由一个底面和一个侧面围成的，把连接圆锥顶点和底面圆周上任意一点的线段叫做圆锥的母线。

四、圆锥的侧面展开图及有关计算

沿一条母线将圆锥侧面剪开并展平，可以得到，圆锥的侧面展开图是一个扇形。设圆锥的母线长为 l，底面圆的半径为 r，那么这个扇形的半径为 l，扇形的弧长为 $2\pi r$，因此圆锥的侧面积为 $S_{侧}=\dfrac{1}{2}\times 2\pi rl$，圆锥的全面积为 $S_{全}=\pi rl+\pi r^2$。

例题

（2019浙江宁波中考 10 题 4 分）如图，矩形纸片 $ABCD$ 中，$AD=6$ cm，把该矩形纸片分割成正方形纸片 $ABFE$ 和矩形纸片 $EFCD$ 后，分别裁出扇形 ABF 和半径最大的圆，恰好能作为一个圆锥的侧面和底面，则 AB 长为（ ）

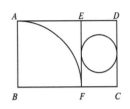

A. 3.5 cm   B. 4 cm   C. 4.5 cm   D. 5 cm

答案

B 根据题意，矩形 $EFCD$ 的两条边 CD、EF 恰好与圆相切，即 DE 长是圆的直径，设 $AB=x$，则扇形弧长为 $\dfrac{1}{4}\pi\times 2x$ cm，圆的周长为 $(6-x)\pi$ cm，得 $\dfrac{1}{4}\pi\times 2x=(6-x)\pi$，解得 $x=4$，故选 B。

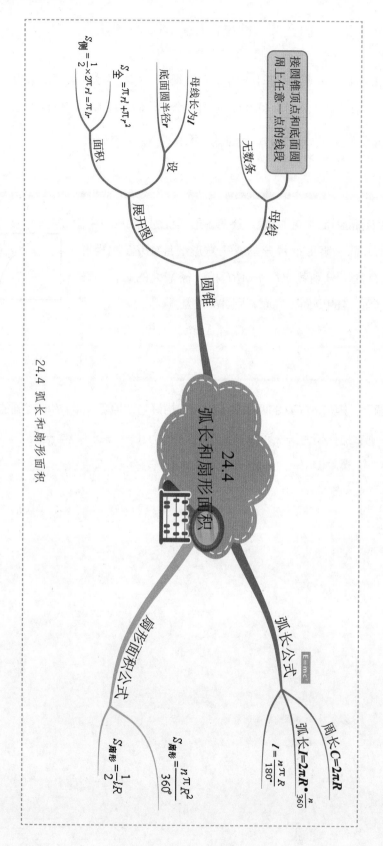

24.4 弧长和扇形面积

圆锥

接圆锥顶点和底面圆周上任意一点的线段

无数条

母线

母线长为 l

底面圆半径 r

设

展开图

面积

$S_{全} = \pi r l + \pi r^2$

$S_{侧} = \dfrac{1}{2} \times 2\pi r l = \pi l r$

面积

24.4 弧长和扇形面积

弧长公式

周长 $C = 2\pi R$

弧长 $l = 2\pi R \cdot \dfrac{n}{360}$

$l = \dfrac{n\pi R}{180^\circ}$

扇形面积公式

$S_{扇形} = \dfrac{n\pi R^2}{360^\circ}$

$S_{扇形} = \dfrac{1}{2} l R$

第二十五章
概率初步

随机事件与概率

事件

确定性事件
必然事件
不可能事件

随机事件
不确定事件

概率

定义

求法 $P(A)=\dfrac{m}{n}$

关系

A为必然事件 $P(A)=1$

A为随机事件 $0<P(A)<1$

A为不可能事件 $P(A)=0$

用频率估计概率

估计概率

评判游戏公平性

用列举法求概率

列表法

树状图

25.1 随机事件与概率

一、随机事件

1.确定事件

（1）必然事件：在一定条件下必然会发生的事件；

（2）不可能事件：在一定条件下必然不会发生的事件。

2.随机事件

也称为不确定事件：在一定条件下，可能发生也可能不发生的事件。

（2018内蒙古包头中考4题3分）下列事件中，属于不可能事件的是（　　）

A. 某个数的绝对值大于0

B. 某个数的相反数等于它本身

C. 任意一个五边形的外角和等于540°

D. 长分别为3，4，6的三条线段围成一个三角形

答案

C　A、B都属于随机事件；C属于不可能事件；D属于必然事件，故选C。

二、概率

1.定义：

一般地，对于一个随机事件A，我们把刻画其发生可能性大小的数值，称为随机事件A发生的概率，记为$P(A)$。

2.算法

一般地，如果在一次试验中，有n种可能的结果，并且它们发生的可能性都相等，事件A包含其中的m种结果，那么事件A发生的概率$P(A)=\dfrac{m}{n}$。

例题

（2018 四川自贡中考 10 题 4 分）从 -1、2、3、-6 这四个数中任取两数，分别记为 m、n，那么点 (m,n) 在函数 $y=\dfrac{6}{k}$ 的图象上的概率是（　　）

A. $\dfrac{1}{2}$　B. $\dfrac{1}{3}$　C. $\dfrac{1}{4}$　D. $\dfrac{1}{8}$

答案

B　由题意，点 (m,n) 的可能情况为 $(-1,2)$、$(-1,3)$、$(-1,-6)$、$(2,-1)$、$(2,3)$、$(2,-6)$、$(3,-1)$、$(3,2)$、$(3,-6)$、$(-6,-1)$、$(-6,2)$、$(-6,3)$，共 12 种可能的情况，其中在函数 $y=\dfrac{6}{k}$ 的图象上的有 $(-1,-6)$、$(2,3)$、$(3,2)$、$(-6,-1)$ 四种情况，故所求概率为 $\dfrac{1}{2}$，故选 B。

三、事件与概率的关系

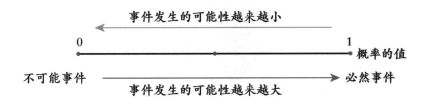

1、当 A 为必然事件时，$P(A)=1$；

2、当 A 为不可能事件时，$P(A)=0$；

3、当 A 为随机事件时，$0<P(A)<1$。

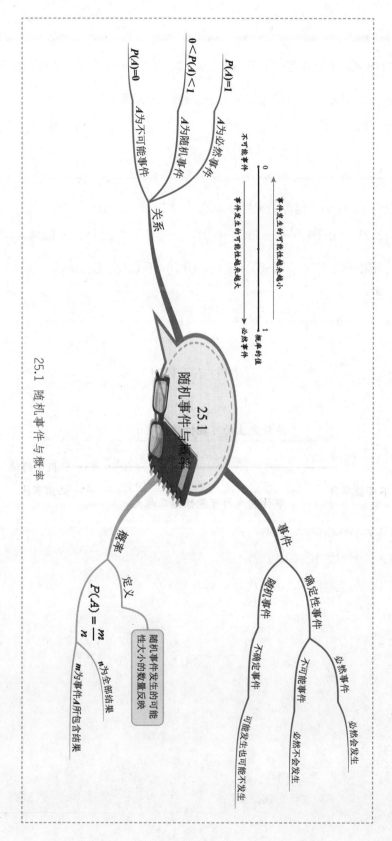

25.1 随机事件与概率

25.1 随机事件与概率

事件发生的可能性越来越小

0 瓶率的值

事件发生的可能性越来越大

1 瓶率的值

必然事件

关系

$P(A)=1$　　A为必然事件

$0<P(A)<1$　　A为随机事件

$P(A)=0$　　A为不可能事件

不可能事件

事件

确定性事件

必然事件　　必然会发生

不可能事件　　必然不会发生

随机事件

不确定事件　　可能发生也可能不发生

概率

随机事件发生的可能性大小的数量反映

定义

$P(A)=\dfrac{m}{n}$

n为全部结果

m为事件A所包含结果

25.2 用列举法求概率

一、用列举法求概率的条件

在一次试验中,如果可能出现的结果只有有限个,且各种结果出现的可能性大小相等,那么我们可以通过列举试验结果的方法,求出随机事件发生的概率。

二、列表法和树状图法

1.列表法

当一次试验要涉及两个因素并且可能出现的结果数目较多时,用表格不重不漏地列出所有可能的结果。

2.树状图法

当事件中涉及三个或更多因素时,用树状图的形式不重不漏地列出所有可能的结果的方法叫树状图法.

三、公式

$$P(A) = \frac{\text{所求事件所有可能出现的结果数}}{\text{所有可能出现的结果数}}。$$

例题

（2018江西中考16题6分）今年某市为创评"全国文明城市"称号，周末团市委组织志愿者进行宣传活动。班主任梁老师决定从4名女班干部（小悦、小惠、小艳和小倩）中通过抽签的方式确定2名女生去参加。

抽签规则：将4名女班干部的姓名分别写在4张完全相同的卡片正面，把四张卡片背面朝上，洗匀后放在桌面上，梁老师先从中随机抽取一张卡片，记下姓名，再从剩余的3张卡片中随机抽取第二张，记下姓名。

（1）该班男生"小刚被抽中"是 _____ 事件，"小悦被抽中"是 _____ 事件（填"不可能"或"必然"或"随机"）；第一次抽取卡片，"小悦被抽中"的概率为 _____；

（2）试用画树状图或列表的方法表示这次抽签所有可能的结果，并求出"小惠被抽中"的概率。

答案

（1）不可能；随机；$\frac{1}{4}$。

（2）将"小悦被抽中"记作事件A，"小惠被抽中"记作事件B，"小艳被抽中"记作事件C，"小倩被抽中"记作事件D。根据题意，可画如下图：

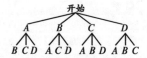

或列表如下：

第一次 第二次	A	B	C	D
A		(B,A)	(C,A)	(D,A)
B	(A,B)		(C,B)	(D,B)
C	(A,C)	(B,C)		(D,C)
D	(A,D)	(B,D)	(C,D)	

从图中可以看出，共有12种等可能的结果，"小惠被抽中"的结果有6种，所以概率为$\frac{1}{2}$。

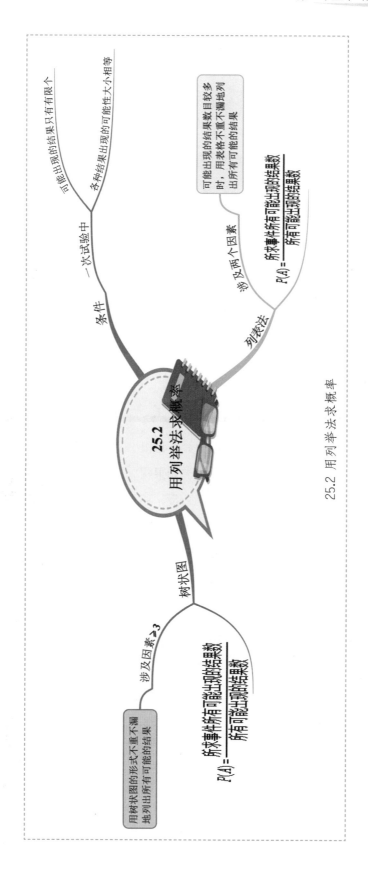

25.2 用列举法求概率

25.3 用频率估计概率

一、用频率估计概率

在做大量重复试验时，随着试验次数的增加，一个事件出现的频率，总在一个固定数的附近摆动，显示出一定稳定性．因此，我们可以通过大量的重复试验，用一个随机事件发生的频率去估计它的概率。

二、评判游戏的公平性

游戏双方获胜的概率如果相等，则说明游戏是公平的，否则说明游戏不公平。

例题

（2018 浙江嘉兴中考 13 题 4 分）小明和小红玩抛硬币游戏，连续抛两次。小明说"如果两次都是正面，那么你赢；如果两次是一正一反，那么我赢。"小红赢的概率是_____。据此判断该游戏_____（填"公平"或"不公平"）。

答案

$\frac{1}{4}$，**不公平** 两次抛硬币出现的可能结果为（正，正）、（正，反）、（反，正）、（反，反），且每一个结果出现的可能性相同，故小红赢的概率为 $\frac{1}{4}$，小明赢的概率为 $\frac{1}{2}$，所以该游戏不公平。

第二十六章
反比例函数

定义

图象和性质

象限
增减性
$k>0$

象限
增减性
$k<0$

k几何意义

与实际问题

审
审题
找常量变量关系

设
待定系数用字母表示

列
列方程
求待定系数

写
函数解析式

解
解决实际问题

26.1 反比例函数

一、定义

一般地，形如 $y=\dfrac{k}{x}$ (k 为常数，$k \neq 0$) 的函数，叫做反比例函数，其中 x 是自变量，y 是函数。自变量 x 的取值范围是不等于 0 的一切实数。y 的取值范围是 $y \neq 0$ 的一切实数。

二、图象和性质

反比例函数 $y=\dfrac{k}{x}$ 的图象是双曲线．

$k>0$ 时，双曲线的两支分别在第一、第三象限；在每一个象限内随 x 的增大而减小。

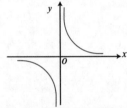

$k<0$ 时，双曲线的两支分别在第二、第四象限；在每一个象限内 y 随 x 的增大而增大。

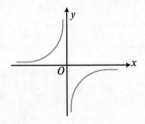

例题

（2018 广东广州中考 9 题 3 分）一次函数 $y=ax+b$ 和反比例函数 $y=\dfrac{a-b}{x}$ 在同一直角坐标系中的大致图象是（　　　）

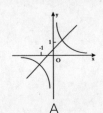

A

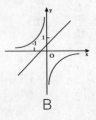

B

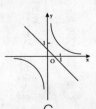

C

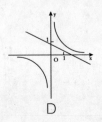

D

A 由 A、B 中直线的位置，可知 $a > 0$，$b > 0$，在 $y=ax+b$ 中，当 $x = -1$ 时，$y=-a+b < 0$，从而 $a-b > 0$，所以反比例函数的图象在第一、三象限，A 正确，B 错误；由 C、D 中直线的位置可知，$a < 0$，$b > 0$，在 $y=ax+b$ 中，当 $x=-1$ 时，$y=-a+b > 0$，从而 $a-b < 0$，所以反比例函数的图象在第二、四象限，故 C、D 错误，故选 A。

三、比例系数 k 的几何意义

过双曲线上任一点 $P(x,y)$ 分别作 x 轴、y 轴的垂线 PM、PN，所得的矩形 $PMON$ 的面积 $S=PM \cdot PN=|y| \cdot |x|=|xy|=|k|$。

连接 PO、MN，则 $\triangle PMN$ 和 $\triangle PNO$ 的面积都相等，均为 $\frac{1}{2}|k|$。

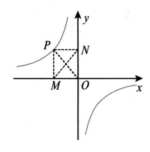

例题

（2019 甘肃兰州中考 15 题 4 分）如图，矩形 $OABC$ 的顶点 B 在反比例函数 $y=\dfrac{k}{x}$（$x > 0$）的图象上，$S_{矩形 OABC} = 6$，则 $k=$_____。

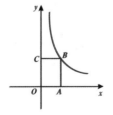

6 根据题意，$S_{矩形 OABC}=|k|=6$，所以 $k=\pm 6$，又因为反比例函数 $y=\dfrac{k}{x}$（$x > 0$）的图象位于第一象限，所以 $k > 0$，故 $k = 6$。

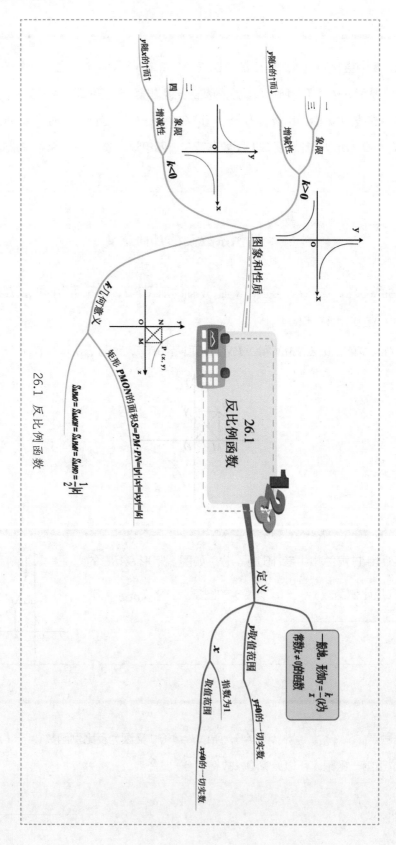

26.1 反比例函数

26.2 实际问题与反比例函数

用反比例函数解决实际问题的步骤

1. **审**：审清题意，找出题目中的常量、变量之间的关系。

2. **设**：设出函数解析式，待定的系数用字母表示。

3. **列**：列出方程，求出待定系数。

4. **写**：写出函数解析式，并注意解析式中自变量的取值范围。

5. **解**：用函数解析式去解决实际问题。

例题

（2019 湖北孝感中考 6 题 3 分）公元前 3 世纪，古希腊数学家阿基米德发现了杠杆平衡，后来人们把它归纳为"杠杆原理"，即：阻力 × 阻力臂 = 动力 × 动力臂。小伟欲用撬棍撬动一块大石头，已知阻力和阻力臂分别是 1200N 和 0.5m，则动力 F（单位：N）关于动力臂 l（单位：m）的函数解析式正确的是（   ）

A. $F=\dfrac{1200}{l}$　　　B. $F=\dfrac{600}{l}$　　　C. $F=\dfrac{500}{l}$　　　D. $F=\dfrac{1.5}{l}$

答案

B　由题意，阻力 × 阻力臂 = 动力 × 动力臂，1200×0.5 = 600，所以动力 F 关于动力臂 l 的函数解析式为 $F=\dfrac{600}{l}$，故选 B。

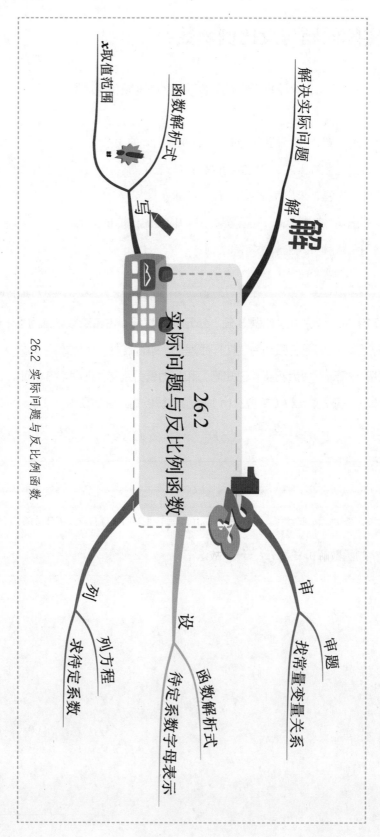

解决实际问题

解

x取值范围

函数解析式

写

26.2 实际问题与反比例函数

审
审题
找常量变量关系

设
设函数解析式
特定系数数字母表示

列
列方程
求特定系数

26.2 实际问题与反比例函数

第二十七章 相似

图形的相似
　相似图形
　　定义
　　相似多边形
　　　定义
　　　相似比
　　　性质
　比例
　　比例线段
　　　中项
　　性质
　　　基本性质
　　　合比性质
　　　等比性质
位似
　位似图形
　　定义
　位似图形性质
　变换坐标
　画法

相似三角形
　定义
　判定
　　相似比
　　(相似比)²
　性质
　平行线分线段成比例

27.1 图形的相似

一、相似图形

定义：形状相同的图形叫做相似图形。

二、相似多边形

1. 定义

两个边数相同的多边形，如果它们的角分别相等，边成比例，那么这两个多边形叫做相似多边形。

2. 相似比

相似多边形对应边的比叫做相似比。

3. 性质

相似多边形的对应角相等，对应边成比例。

4. 比例

（1）比例线段

对于四条线段 a、b、c、d，如果其中两条线段长度的比与另两条线段的比相等，如 $\frac{a}{b}=\frac{c}{d}$（即 $ad=bc$），我们就说这四条线段成比例。

（2）比例中项

如果 $\frac{a}{b}=\frac{d}{c}$，即 $b^2=ac$，那么就把 b 叫做 a、c 的比例中项。

（3）比例的性质

①基本性质：如果 $\frac{a}{b}=\frac{c}{d}$，那么 $ad=bc$。

②合比性质：如果 $\frac{a}{b}=\frac{c}{d}$，那么 $\frac{a\pm b}{b}=\frac{c\pm d}{d}$。

③等比性质：若 $\frac{a}{b}=\frac{c}{d}=\cdots=\frac{m}{n}$（$b+d+\cdots+n\neq 0$），则 $\frac{a+c+\cdots+m}{b+d+\cdots+n}=\frac{a}{b}$。

例题

（2019江苏淮安中考15题4分）如图，$l_1 /\!/ l_2 /\!/ l_3$，直线a,b与l_1、l_2、l_3分别交于点A、B、C和点D、E、F。若$AB = 3$，$DE = 2$，$BC = 6$，则$EF =$

_____。

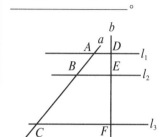

答案

4　∵ $l_1 /\!/ l_2 /\!/ l_3$

∴ $\dfrac{AB}{BC} = \dfrac{DE}{EF}$，

∵ $AB=3$，$DE=2$，$BC=6$，

∴ $EF = 4$。

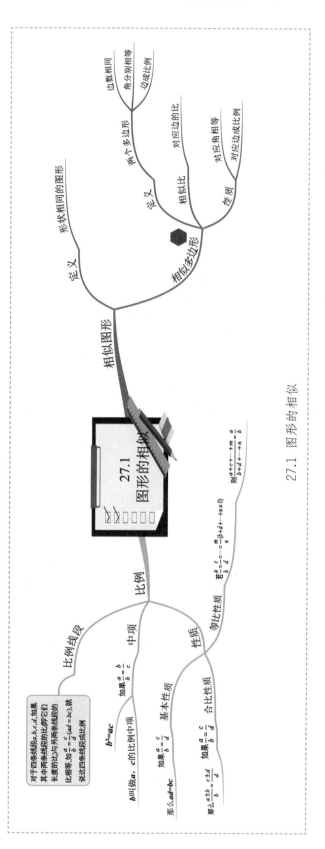

27.2 相似三角形

一、相似三角形的定义

在△ABC和△$A'B'C'$中，如下图

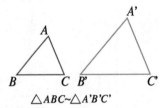

△ABC∽△$A'B'C'$

三个角相等：$\angle A = \angle A'$，$\angle B = \angle B'$，$\angle C = \angle C'$；

三条边成比例：$\dfrac{AB}{A'B'} = \dfrac{BC}{B'C'} = \dfrac{AC}{A'C'} = k$；

相似用符号"∽"表示，读作"相似于"。

二、相似三角形的判定定理

1.定理1：平行于三角形一边的直线和其他两边相交，所构成的三角形与原三角形相似；

2.定理2：三边成比例的两个三角形相似；

3.定理3：两边成比例且夹角相等的两个三角形相似；

4.定理4：两角分别相等的两个三角形相似。

（2019广西玉林中考9题3分）如图，$AB \parallel EF \parallel DC$，$AD \parallel BC$，$EF$与$AC$交于点$G$，则相似三角形共有（　　）

A.3对　　　B.5对　　　C.6对　　　D.8对

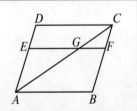

答案

C　∵$AB \parallel EF \parallel DC$，$AD \parallel BC$　∴△AEG∽△ADC∽△CFG∽△CBA。共有6个组合，分别是△AEG∽△ADC，△AEG∽△CFG，△AEG∽△CBA，△ADC∽△CFG，△ADC∽△CBA，△CFG∽△CBA。故选C。

三、相似三角形的性质

1. 相似三角形对应高的比、对应中线的比与对应角平分线的比都等于相似比；

2. 相似三角形对应线段的比等于相似比；

3. 相似三角形面积的比等于相似比的平方。

（2019 山东枣庄中考 12 题 3 分）如图，将 $\triangle ABC$ 沿 BC 边上的中线 AD 平移到 $\triangle A'B'C'$ 的位置，已知 $\triangle ABC$ 的面积为 9，阴影部分三角形的面积为 4。若 $AA'=1$，则 $A'D$ 等于（   ）

A. 2   B. 3   C. 4   D. $\dfrac{3}{2}$

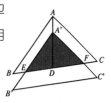

答案

A   如图，设 $A'B'$，$A'C'$ 与 BC 分别交于点 E，F.

∵ 将 $\triangle ABC$ 沿 BC 边上的中线 AD 平移得到 $\triangle A'B'C'$，

∴ $A'E \parallel AB$，$A'F \parallel AC$，可得 $\dfrac{DE}{BD}=\dfrac{DA}{AD}=\dfrac{DF}{DC}$，

又 $BD=DC$，∴ $DE=DF$.

易得 $\triangle DA'E \backsim \triangle DAB$，∴ $\left(\dfrac{A'D}{AD}\right)^2=\dfrac{S_{\triangle A'DE}}{S_{\triangle DBA}}$，

∵ $S_{\triangle ABC}=9$，$S_{\triangle A'EF}=4$，

∴ $S_{\triangle A'DE}=\dfrac{1}{2}S_{\triangle A'EF}=2$，$S_{\triangle ABD}=\dfrac{1}{2}S_{\triangle ABC}=\dfrac{9}{2}$，

∴ $\left(\dfrac{A'D}{A'D+1}\right)^2=\dfrac{2}{\frac{9}{2}}$，解得 $A'D=2$ 或 $A'D=-\dfrac{2}{5}$（舍），故选 A.

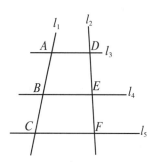

四、平行线分线段成比例的基本事实

两条直线被一组平行线所截，所得的对应线段成比例。

如图，$l_3 \parallel l_4 \parallel l_5$，则有：

$\dfrac{AB}{BC}=\dfrac{DE}{EF}$，$\dfrac{AB}{AC}=\dfrac{DE}{DF}$，$\dfrac{BC}{AC}=\dfrac{EF}{DF}$等。

五、在三角形中的应用

$DE /\!/ BC$, $\dfrac{AD}{DB} = \dfrac{AE}{EC}$, $\dfrac{AD}{AB} = \dfrac{AE}{AC}$, $\dfrac{DB}{AB} = \dfrac{EC}{AC}$。

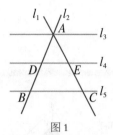

图1

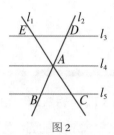

图2

（2019广西贺州中考7题3分）如图,在△ABC中,D, E 分别是 AB, AC 边上的点, DE // BC, 若 AD=2, AB=3, DE=4, 则 BC 等于（　　）

A. 5　　　　B. 6　　　　C. 7　　　　D. 8

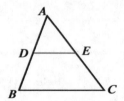

答案

B ∵ DE // BC, ∴ △ADE ∽ △ABC, ∴ $\dfrac{AD}{AE} = \dfrac{DE}{BC}$, 即 $\dfrac{2}{3} = \dfrac{4}{BC}$, 解得 BC=6, 故选 B.

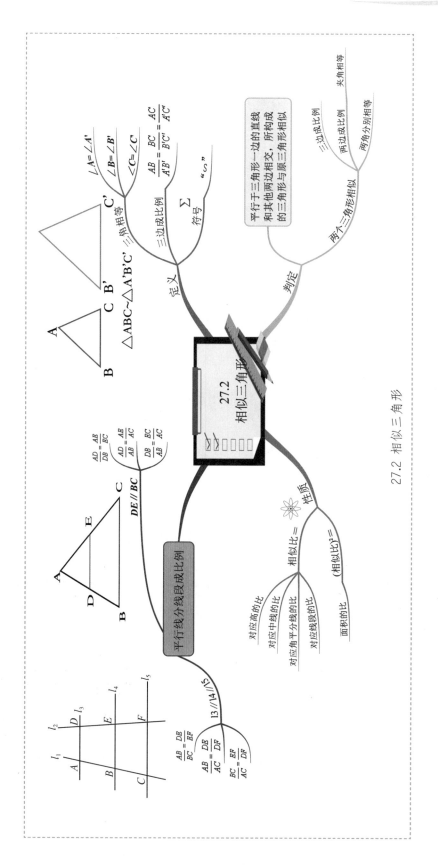

27.2 相似三角形

27.3 位似

一、位似图形

两个多边形不仅相似，而且对应顶点的连线相交于一点，像这样的两个图形叫做位似图形，这个点叫做位似中心。这时我们说这两个图形关于这点位似。位似是一种特殊的相似，但相似不一定都是位似。

二、位似变换的坐标

在平面直角坐标系中，如果以原点为位似中心，新图形与原图形的相似比为 k，那么与原图形上的点 (x,y) 对应的位似图形上的点的坐标为 (kx,ky) 或 $(-kx,-ky)$。

三、位似图形的性质

1. 位似图形是相似图形，而相似图形不一定是位似图形；

2. 位似图形的对应点的连线相交于一点；

3. 位似图形的对应边互相平行或在同一条直线上且比相等；

4. 位似图形上任意一对对应点，到位似中心的距离之比等于位似比。

 例题

（2019湖南邵阳中考8题3分）如图，以点 O 为位似中心，把△ABC 放大为原图形的2倍得到△$A'B'C'$，以下说法中错误的是（　　）

A. △$ABC \backsim$ △$A'B'C'$

B. 点 C、点 O、点 C' 三点在同一直线上

C. $AO:AA'$=1:2

D. $AB \parallel A'B'$

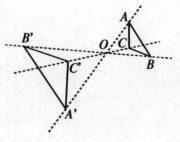

C ∵以点O为位似中心，把△ABC放大为原图形的2倍得到△A'B'C'，∴△ABC∽△A'B'C'，点C、点O、点C'三点在同一直线上，AB∥A'B'，AO:OA'=1:2，故选项C说法错误，故选C。

四、位似图形的画法

1.确定位似中心；

2.分别连接位似中心和能代表原图的关键点并延长；

3.根据位似比，确定能代表所作的位似图形的关键点；

4.顺次连接上述各点，得到放大或缩小的图形。

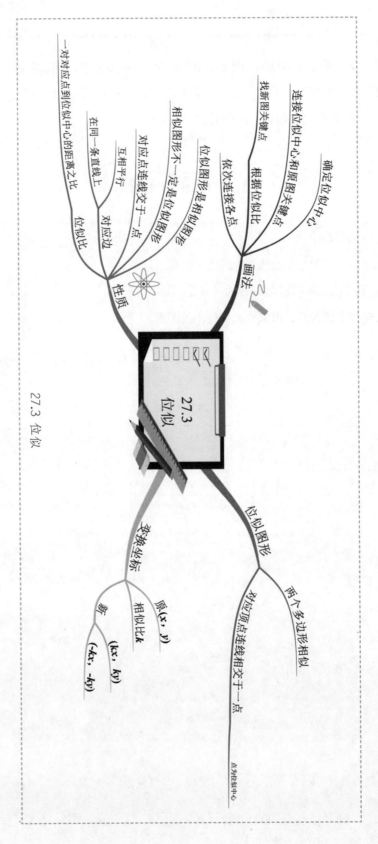

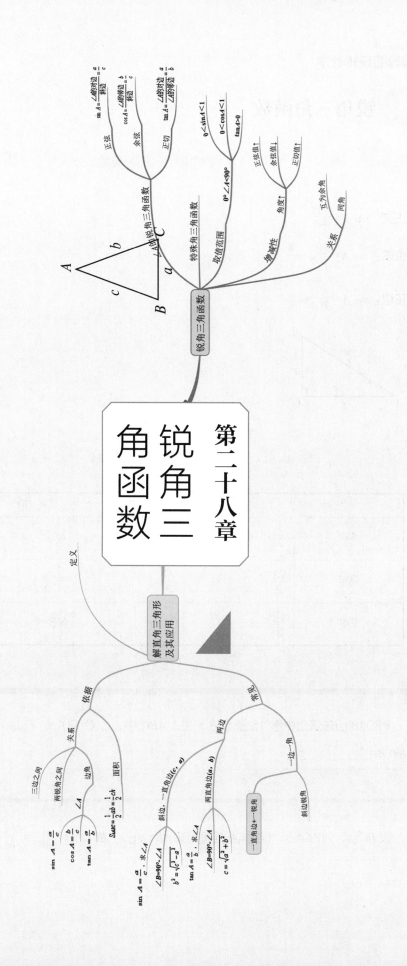

28.1 锐角三角函数

一、∠A 的锐角三角函数

正弦：$\sin A = \dfrac{对边}{斜边} = \dfrac{a}{c}$。

余弦：$\cos A = \dfrac{斜边}{斜边} = \dfrac{b}{c}$。

正切：$\tan A = \dfrac{对边}{斜边} = \dfrac{a}{b}$。

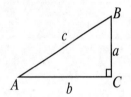

二、特殊锐角的三角函数值

	30°	45°	60°
sin	$\dfrac{1}{2}$	$\dfrac{\sqrt{2}}{2}$	$\dfrac{\sqrt{3}}{2}$
cos	$\dfrac{\sqrt{3}}{2}$	$\dfrac{\sqrt{2}}{2}$	$\dfrac{1}{2}$
tan	$\dfrac{\sqrt{3}}{3}$	1	$\sqrt{3}$

 例题

（2018 山东滨州中考 15 题 5 分）在 △ABC 中，∠C=90°，若 $\tan A = \dfrac{1}{2}$，则 $\sin B = \underline{\hspace{3cm}}$。

答案

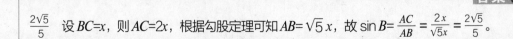

$\dfrac{2\sqrt{5}}{5}$　设 $BC=x$，则 $AC=2x$，根据勾股定理可知 $AB=\sqrt{5}\,x$，故 $\sin B = \dfrac{AC}{AB} = \dfrac{2x}{\sqrt{5}x} = \dfrac{2\sqrt{5}}{5}$。

三、锐角三角函数的取值范围

当 A 为锐角时，$0 < \sin A < 1$，$0 < \cos A < 1$，$\tan A > 0$。

四、锐角三角函数值的增减性

1. 锐角的正弦值随角度的增大而增大；

2. 锐角的余弦值随角度的增大而减小；

3. 锐角的正切值随角度的增大而增大。

五、三角函数之间的关系

1. 互为余角的三角函数之间的关系

若 $\angle A + \angle B = 90°$，那么 $\sin A = \cos B$ 或 $\sin B = \cos A$。

2. 同角的三角函数之间的关系

$\sin^2 A + \cos^2 A = 1$；

$\tan A = \dfrac{\sin A}{\cos A}$。

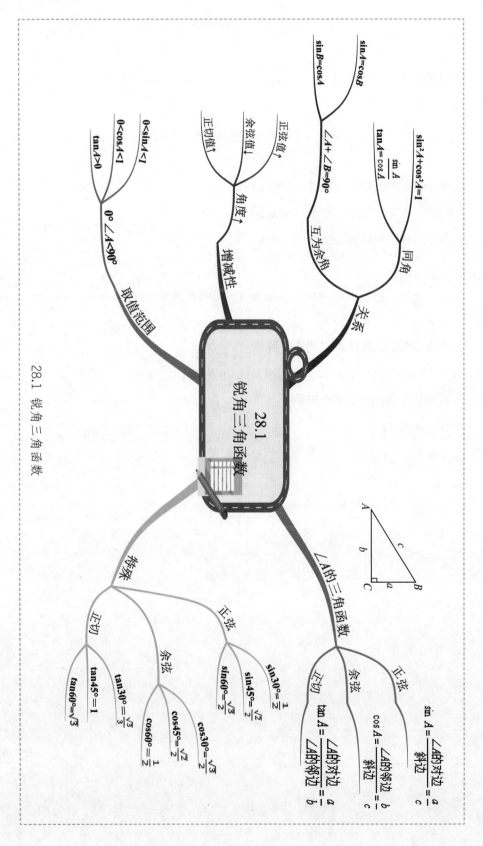

28.1 锐角三角函数

28.1 锐角三角函数

关系
  互为余角
    ∠A+∠B=90°
    sinA=cosB
    sinB=cosA
  同角
    sin²A+cos²A=1
    tanA= sinA/cosA

增减性
  角度↑
    正弦值↑
    余弦值↓
    正切值↑

取值范围
  0°<∠A<90°
    0<sinA<1
    0<cosA<1
    tanA>0

∠A的三角函数
  正弦
    sinA= ∠A的对边/斜边 = a/c
  余弦
    cosA= ∠A的邻边/斜边 = b/c
  正切
    tanA= ∠A的对边/∠A的邻边 = a/b

特殊
  正弦
    sin30°= 1/2
    sin45°= √2/2
    sin60°= √3/2
  余弦
    cos30°= √3/2
    cos45°= √2/2
    cos60°= 1/2
  正切
    tan30°= √3/3
    tan45°=1
    tan60°=√3

28.2 解直角三角形及其应用

一、定义

一般地，直角三角形中，除直角外，共有五个元素：即三条边和两个锐角。由直角三角形中的已知元素，求出其余未知元素的过程，叫做解直角三角形。

二、依据

在直角三角形 ABC 中，$\angle C$ 为直角，$\angle A$、$\angle B$、$\angle C$ 所对的边分别为 a、b、c，那么除直角 C 外的 5 个元素之间有如下关系：

1. 三边之间的关系：$a^2+b^2=c^2$（勾股定理）；

2. 两锐角之间的关系：$\angle A+\angle B=90°$；

3. 边角之间的关系（以 $\angle A$ 为例）

$\sin A=\dfrac{\text{对边}}{\text{斜边}}=\dfrac{a}{c}$；

$\cos A=\dfrac{\text{邻边}}{\text{斜边}}=\dfrac{b}{c}$；

$\tan A=\dfrac{\text{对边}}{\text{斜边}}=\dfrac{a}{b}$。

三、常见类型

图形	已知条件		解法步骤
Rt△ABC	两边	两直角边 a,b	由 $\tan A=\dfrac{a}{b}$，求 $\angle A$，$\angle B=90°-\angle A$，$c=\sqrt{a^2+b^2}$
		斜边 c，一直角边 a	由 $\sin A=\dfrac{a}{c}$，求 $\angle A$，$\angle B=90°-\angle A$，$b=\sqrt{c^2-a^2}$
	一边一角	锐角 A，邻边 b	$\angle B=90°-\angle A$，$a=b\cdot\tan A$，$c=\dfrac{b}{\cos A}$
		锐角 A，对边 a	$\angle B=90°-\angle A$，$b=\dfrac{a}{\tan A}$，$c=\dfrac{a}{\sin A}$
		斜边 c，锐角 A	$\angle B=90°-\angle A$，$a=c\cdot\sin A$，$b=c\cdot\cos A$

（2018 四川自贡中考 22 题 8 分）如图，在 △ABC 中，BC=12，tan A=$\frac{3}{4}$，∠B=30°，求 AC 和 AB 的长．

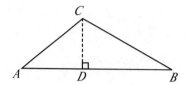

答案

如图所示，过点 C 作 CD⊥AB，交 AB 于点 D，

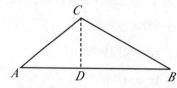

在 Rt △BCD 中，∠B=30°，BC=12，∴ sin B=$\frac{CD}{BC}$=$\frac{CD}{12}$ sin 30° =$\frac{1}{2}$，

cos B=$\frac{BD}{BC}$=$\frac{BD}{BC}$=$\frac{BD}{12}$ cos 30° =$\frac{\sqrt{3}}{2}$，∴ CD=6，BD=6$\sqrt{3}$．

在 Rt △ACD 中，tan A=$\frac{3}{4}$，CD=6，∴ tan A=$\frac{CD}{AD}$=$\frac{6}{AD}$=$\frac{3}{4}$，∴ AD=8，

∴ AC=$\sqrt{AD^2+CD^2}$=$\sqrt{8^2+6^2}$=10，AB=AD+BD=8+6$\sqrt{3}$．

故 AC 长为 10，AB 长为 8+6$\sqrt{3}$。

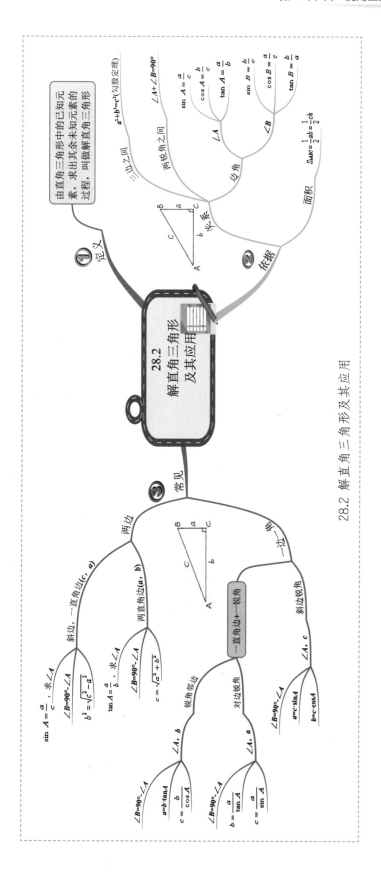

28.2 解直角三角形及其应用

第二十九章　投影与视图

投影
- 定义
- 平行投影
  - 定义
  - 特征
- 中心投影
  - 定义
  - 特征
- 正投影
  - 定义
  - 线段
  - 平面图形

三视图
- 视图
  - 定义
  - 常见
- 三视图
  - 主视图
  - 俯视图
  - 左视图
  - 关系
    - 长对正
    - 高平齐
    - 宽相等

29.1 投影

一、投影

一般地,用光线照射物体,在某个平面(地面、墙壁等)上得到的影子叫做物体的投影。其中,照射光线叫做投影线,投影所在的平面叫做投影面。

二、平行投影

1.定义:

太阳光线可以看成平行光线,像这样的光线所形成的投影称为平行投影。

2.平行投影的特征:

(1)如图,等高的物体垂直于地面放置时,同一时刻,它们在太阳光下的影子一样长。

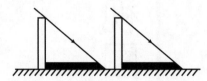

(2)如图,等长的物体平行于地面放置时,同一时刻,它们在太阳光下的影子一样长,并且都等于物体本身的长度。

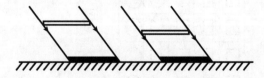

(3)如图,不等高的物体垂直于地面放置时,同一时刻,它们在太阳光下的物高与影长成正比,$\dfrac{AB}{BC} = \dfrac{DE}{EF}$。

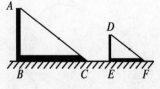

 例题

（2019吉林中考13题3分）在某一时刻,测得一根高为1.8 m的竹竿的影长为3 m,同时同地测得一栋楼的影长为90 m,则这栋楼的高度为_____m.

54 因为时刻相同，所以光线是平行的．设这栋楼的高度为 x m，则 $\dfrac{1.8}{8}=\dfrac{x}{90}$，解得 $x=54$．

三、中心投影

1. **定义**：若一束光线是从一点发出的，这样的光线形成的投影称为中心投影。

2. **中心投影的特征**：

（1）等高的物体垂直于地面放置时，离点光源近的物体的影子短；离点光源远的物体的影子长。

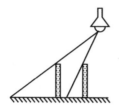

（2）等长的物体平行于地面放置时，一般情况下，离点光源越近，影子越长；离点光源越远，影子越短，但不会小于物体本身的长度。

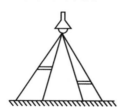

例题

（2016 北京中考 14 题 3 分）如图，小军、小珠之间的距离为 2.7 m，他们在同一盏路灯下的影长分别为 1.8 m，1.5 m. 已知小军、小珠的身高分别为 1.8 m，1.5 m，则路灯的高为 _____ m.

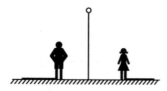

答案

3 由题意可知，$\angle B = \angle C = 45°$，$AD \perp BC$，$\therefore BC = 2AD = BF + FH + HC$

$= 1.8 + 2.7 + 1.5 = 6$，$\therefore AD = 3$. 即路灯的高度为 3 m.

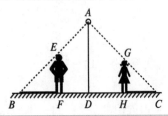

四、正投影

1. 正投影：投影线垂直于投影面产生的投影叫做正投影。

2. 线段的正投影

（1）当细线 AB 平行于投影面 P 时，它的正投影是线段 A_1B_1，
细线与它的投影的大小关系为 $AB = A_1B_1$；

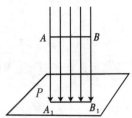

（2）当细线 AB 倾斜于投影面 P 时，它的正投影是线段 A_2B_2，
细线与它的投影的大小关系为 $AB > A_2B_2$；

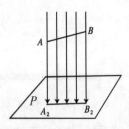

（3）当细线 AB 垂直于投影面 P 时，它的正投影是一个点 A_3（B_3）。

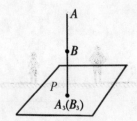

3.平面图形的正投影

（1）当纸板 $ABCD$ 平行于投影面 P 时，$ABCD$ 的正投影与 $ABCD$ 的形状、大小一样；

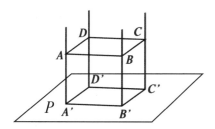

（2）当纸板 $ABCD$ 倾斜于投影面 P 时，$ABCD$ 的正投影与 $ABCD$ 的形状、大小不一样；

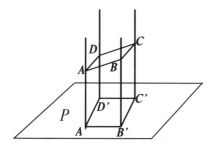

（3）当纸板 $ABCD$ 垂直于投影面 P 时，$ABCD$ 的正投影为一条线段。

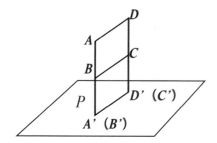

思维导图玩转数学

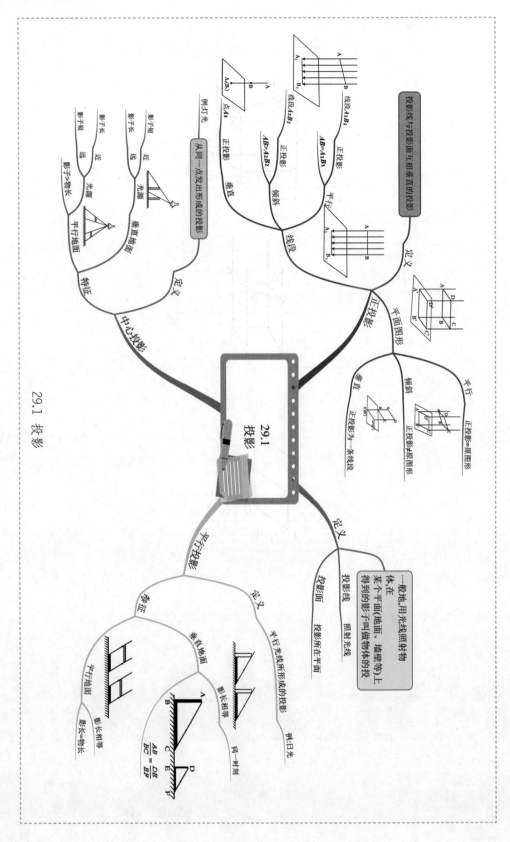

29.1 投影

280

29.2 三视图

一、视图

当我们从某一角度观察一个物体时，所看到的图形叫做物体的一个视图。

二、三视图

1. 一个物体在三个投影面内同时进行正投影，在正面内得到的由前向后观察物体的视图，叫做主视图；

2. 在水平面内得到的由上向下观察物体的视图，叫做俯视图；

3. 在侧面内得到的由左向右观察物体的视图，叫做左视图。

三视图中，主视图在左上边，它的正下方是俯视图，左视图在主视图的右边。主视图与俯视图可以表示同一个物体的长，主视图与左视图可以表示同一个物体的高，左视图与俯视图可以表示同一个物体的宽，因此三个视图的大小是互相联系的。画三视图时，三个视图都要放在正确的位置，并且注意主视图与俯视图的长对正，主视图与左视图的高平齐，左视图与俯视图的宽相等。

三、常见几何体三视图

几何体	主视图	左视图	俯视图
正方体	□	□	□
长方体	▭	▭	▭
圆柱体	□	□	○
圆锥	△	△	⊙
球	○	○	○

例题

（2019 黑龙江齐齐哈尔中考 6 题 3 分）如图是由几个相同大小的小正方体搭建而成的几何体的主视图和俯视图，则搭建这个几何体所需要的小正方体的个数至少为（　　）

A. 5　　　　B. 6　　　　C. 7　　　　D. 8

主视图　　　俯视图

答案

B　结合主视图和俯视图可知这个几何体共有 2 层，底层有 4 个小正方体，第 2 层最少有 2 个小正方体．故搭建这个几何体所需要的小正方体的个数最少是 6。故选 B。

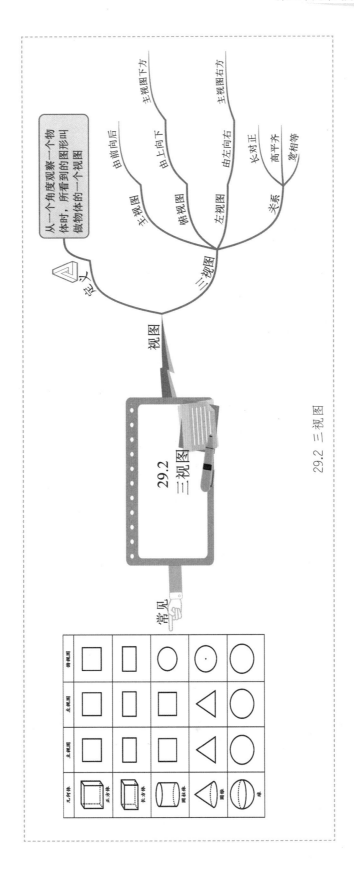

29.2 三视图

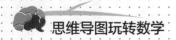